室内车内环境检测
技术与实践

国家室内车内环境及环保产品监督检验中心　组织编写

宋广生　编著

中国建材工业出版社

图书在版编目（CIP）数据

室内车内环境检测技术与实践／国家室内车内环境
及环保产品监督检验中心组织编写；宋广生编著．—北
京：中国建材工业出版社，2019.8
ISBN 978-7-5160-2614-4

Ⅰ.①室… Ⅱ.①国… ②宋… Ⅲ.①室内环境-环
境监测②汽车-车厢-环境监测 Ⅳ.①X83

中国版本图书馆 CIP 数据核字（2019）第 153054 号

内 容 提 要

本书依据国家标准检验方法，主要分篇介绍了室内、车内、公共场所、工作场所
等环境的检测技术和净化技术。

本书可作为环保检测职业教育的培训教材，也可作为环保行业技术人员的学习参
考手册，还可供相关大专院校学生阅读参考。

室内车内环境检测技术与实践

Shinei Chenei Huanjing Jiance Jishu yu Shijian

宋广生 编著

出版发行：中国建材工业出版社
地　　址：北京市海淀区三里河路 1 号
邮　　编：100044
经　　销：全国各地新华书店
印　　刷：北京雁林吉兆印刷有限公司
开　　本：787mm×1092mm　1/16
印　　张：15.25
字　　数：360 千字
版　　次：2019 年 8 月第 1 版
印　　次：2019 年 8 月第 1 次
定　　价：70.00 元

本书编委会

主　任　宋广生

副主任　李良剑　陈烈贤

编　委　(按姓氏笔画排列)

王　莉　石　艳　刘书跃　许春晖　宋广生

李良剑　李连江　李俊贤　陈烈贤　汤　飞

周士武　赵彦军　戚　宇　董宏强　彭　澜

鲍雪芳　甄海东

前　言

伴随着我国经济的快速发展，我国室内车内环保行业已经历了 20 年的发展。从 20 年前创建我国第一家第三方室内环境检测实验室开始，我们就把提高全社会的室内环境环保意识，贯彻落实国家室内车内环境相关标准规范，推进全行业发展作为我们的奋斗目标。正是在这个目标的引领下，以室内车内环境检测为主导的我国室内车内环保行业从无到有，发展到现在包括室内车内环境污染检测与评价、室内车内空气净化器、室内环境新风系统、室内车内环境净化材料、无污染新型室内车内装饰材料和室内车内净化服务全方位的室内车内环保行业。室内车内环保行业一方面成为服务于大众的新兴高科技服务产业，另一方面为成千上万的创业者、从业者提供了发展、创新、学习和就业的机会。按照国家建筑工程室内环境监测中心总工程师李云龙的说法，我们创建的室内环境检测行业，改变了一些行业的命运，也改变了一些人的命运。

人才培训和专业人员素质的提高，是一个行业迅速发展的根本。多年来，我们在国家劳动人事部门、质量监督管理和中国室内装饰协会的领导下，以《中华人民共和国职业教育法》为法律依据，在发展室内车内环境检测实验室的同时，专注室内车内环境检测与服务的职业技能培训。20 年来我们培训了上万名学员，他们成为行业发展的中坚力量。在全国各地成功创办了室内车内环保检测、净化治理和净化产品企业，为国家增添了就业机会，创造了良好的社会效益和经济效益，为我国室内车内环保行业的发展做出了突出贡献。我们因为教学严谨、指导科学、理论与实践结合得好，被评为"全国职业就业教育先进单位"。

为了保证我国室内车内环保行业发展的可持续性，三年前，按照国务院《关于加快发展现代职业教育的决定》（国发〔2014〕19 号）加快发展现代职业教育的重大战略部署，为适应经济发展、产业升级和技术进步的需要，提高接受职业培训学员的素质，推动经济社会发展和促进就业，依据我国相关职业的法律法规和行业发展、地区发展的需要，我们与安徽省宿州市泗县政府共同合作，在当地政府的大力支持下，在泗县职业教育中心基础上，建立了我国第一家室内车内环保行业实用技能型人才培养培训基地——宿州环保工程学校，使这个以资源环境类专业为特色的普通中专学校成为行业人才培训的新基地。

这套室内车内环保行业技能培训教材，以国家现行标准和行业现行标准等为依据，总结了我国室内车内环保行业发展的实践，系统规范地向读者传授环境保护，室内车内环境污染检测、评价与控制的专业知识和职业技能，有利于提升受培训学员在室内车内环境检验检测、净化治理方面的专业知识和专业技能，特别适合在新时代、新理念、新作为的形势下，培养兼具知识和技能的环保专业技术人才。同时，本教材也可作为室内车内环保行业专业技能培训、执业资格培训、技术人员学习和工作的手册，以及大专院校学生阅读参考的资料。

今年是我国室内车内环保行业发展 20 年，在此我们谨把这套丛书献给20 年来指导、支持、鼓励和参与行业发展的各位领导、专家、朋友、同人和我们的家人，让我们一起为人民群众创造安全健康的室内车内环境而不懈努力。

感谢参与本书编写的国家室内车内环境及环保产品质量监督检验中心和宿州环保工程学校的专家和老师，感谢国家疾控中心陈烈贤研究员为本书执笔和付出的辛劳，同时感谢中国建材工业出版社对本书出版的大力支持。

由于时间仓促，不足之处在所难免，恳请读者批评指正。

宋广生

2019 年 6 月

目　　录

第一篇　室内环境空气质量化学检测技术

第二篇　室内环境空气质量生物检测技术

第三篇　公共场所卫生检测技术

第四篇　工作场所职业卫生检测技术

第五篇　车内环境空气质量检测技术

第六篇　室内车内环保产品检测技术

第七篇　装饰装修工程室内环境污染控制和净化技术

第八篇　室内车内环境净化治理与服务技术

第九篇　室内车内环境第三方检测实验室建设

第一篇

室内环境空气质量化学检测技术

第一章 化学检测程序及采样方法

第一节 空气污染物化学检测程序

实验室开展室内空气中化学污染物浓度检测的关键是，检测什么？怎么检测？检测什么，这些将在本篇第二章进行全面、详细地回答。在这里先说怎么检测，即污染物浓度的检测程序。一般而言，化学检测程序包括五个基本环节，如图1-1所示。

除使用直读式仪器现场测定外，对室内空气样品进行分析检测，一般应遵循图1-1所示的分析检测链。因此，每一位从事空气污染物分析检测的人员，都必须正确、熟练地掌握样品分析检测链中的每一个环节，以确保测量结果的真实性、准确性和代表性。

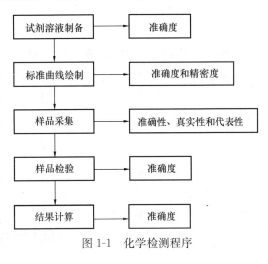

图1-1 化学检测程序

一、试剂溶液制备

试剂溶液制备正确与否，直接关系到样品测量结果的准确性。

试剂溶液制备时，试剂纯度必须符合分析方法的要求，取量要准确，配制过程要严格按照分析方法的要求进行。

1. 固体试剂

用标准物质制备标准溶液，必须按照分析准确度的要求，使用分析天平精确称量标准物质，通常应该保留4位有效数字，称量误差为±0.0001g。

2. 液体试剂

使用吸量管量取标准溶液时，不应任意加减有效数字的位数，应该精确到±0.01mL。

二、标准曲线绘制

制备优良的标准曲线是测量结果准确度和精密度的保证。

1. 标准溶液制备

应优先依次使用有证标准物质、标准溶液、标准品、色谱纯化学物质或优级纯化学物质，制备标准溶液，应确保配制的量值准确。

2. 标准系列配制

配制标准溶液和标准气体系列，浓度点数包括试剂空白在内，光度法为5～9个，色谱法为4～7个。配制标准浓度点系列，上、下限浓度应控制在小于等于10%。对每个浓度点至少重复做 6 次，要求各浓度重复测定的平均相对标准偏差小于等于 7%。

3. 标准曲线绘制

以被测物各浓度（或含量）为横坐标，对应各点的平均响应值为纵坐标（光度法以吸光度 A 为纵坐标，气相色谱法以峰高或峰面积为纵坐标），绘制标准曲线，并计算回归线斜率。以斜率 b 的倒数作为样品测定的计算因子 B_g。

也可利用 Excel 等具有统计功能的软件直接拟合出回归方程式（1-1），求出标准曲线的斜率 b、截距 a 和相关系数的 R^2 值。要求相关系数的 $R^2 \geq 0.998$。

$$A = a + b \times \rho \tag{1-1}$$

式中　A——标准溶液的吸光度；

ρ——目标污染物含量，μg；

b——回归方程式的斜率；

a——回归方程式的截距。

4. 相对标准偏差

标准偏差 S，每个浓度点重复测量 n 次，测得 n 个测得值 x_i（$i=1, 2, \cdots, n$），可按贝塞尔公式（1-2）计算出标准偏差 S。

$$S = \sqrt{\frac{\sum_{i=1}^{n} (x_i - \overline{x})^2}{n-1}} \tag{1-2}$$

式中　S——标准偏差；

n——重复测量次数（$n \geq 6$）；

x_i——第 i 次测量的测得值；

$\overline{x}$——n 次测量所测得的一组测得值的算术平均值，按式（1-3）计算。

$$(\overline{x}) = \frac{x_1 + x_2 + \cdots + x_n}{n} = \frac{\sum_{i=1}^{n} x_i}{n} \tag{1-3}$$

相对标准偏差 S_R，按式（1-4）计算。

$$S_R = \frac{S}{\overline{x}} \times 100\% \tag{1-4}$$

5. 检出限和测定下限

检出限和测定下限主要用于实验室评价标准检测方法的测定性能指标。

检出限是指在给定的概率 $\rho = 95\%$（显著水平 α 为 5%）时，能够定性地区别于零的最低浓度或含量。

测定下限是指在给定的概率 $\rho = 95\%$（显著水平 α 为 5%）时，能够定量地检测出的最低浓度或含量。

（1）分光光度法的检出限，以重复多次（至少 6 次）测定的试剂空白吸光度值的 3 倍标准偏差或吸光度在 0.01 处所对应的浓度或含量作为检出限值，两者中取最大值；分光光度法的测定下限值，取净吸光度值（减去空白值）为 0.03 在标准曲线上对应的浓度（含量）或空白值的 10 倍标准偏差计算，两者中取最大值。

（2）色谱法（包括气相色谱法、高效液相色谱法和离子色谱法）、电化学分析法等，以记录仪 2 格所对应的被测物质浓度或含量作为检出限，或以噪声的 2 倍为检出限。以记录仪 5 格所对应的被测物质浓度或含量作为测定下限，或以噪声的 5 倍为测定下限。

三、样品采集

空气样品采集是空气污染物分析检测链中一个非常重要的环节，不仅关系到测量结果的准确性，而且关系到测量结果是否具有真实性和代表性的问题。

在空气样品的采集到样品分析测定之前的整个过程中，采样方法的正确，包括平行采样，在空气样品采集的同时应制备空白样品，以及样品运输和保存规范，是确保测量结果准确性的关键因素。

采样布点正确包括典型户型或房间选择合理、采样点数量足够大、采样点位置正确、房间封闭时间准时、采样体积准确等，它是确保测量结果具有真实性和代表性的保障措施。

在空气样品采集的同时，应制备空白样品，用来考察和消除样品在采集、运输、保存和测定过程中可能存在的误差。现场空白可接受的水平，空白值不大于对应的分析物值的 10%。

平行采样（不少于 2 个平行样）是为了检验空气采样和分析方法的重复性，一般要求平行测定的相对偏差应≤15%。

1. 采样体积计算

采样体积根据空气采样器的采样空气流量和采样时间，按式（1-5）计算。

$$V = Q \times t \tag{1-5}$$

式中　V——采样体积，L；

　　　Q——采样器的采样空气流量，L/min；

　　　t——采样时间，min。

2. 标准状态下的采样体积计算

在计算浓度时，需用采样时记录的大气压力和气温，按式（1-6）将采样体积换算成标准状态的体积。

$$V_0 = V \times \frac{T_0}{T} \times \frac{P}{P_0} \tag{1-6}$$

式中　V_0——换算成标准状态下采样体积，L；

　　　V——采样体积，L；

　　　T_0——标准状态的绝对温度，273K；

　　　T——采样点现场的温度（t）与标准状态的绝对温度之和，$(t+273)$K；

　　　P_0——标准状态的大气压力，101.3kPa；

　　　P——采样时采样点的大气压力，kPa。

四、样品检验

样品分析检测操作正确与否，直接关系到样品测量结果的准确性。

（1）分析检测应按标准检测方法正确操作，分析测定样品应尽可能减少系统误差，提高准确度，使测得的量值控制在允许的误差范围内，其值能再现在误差范围内。

（2）采样完毕，进行适当处理后按制备标准曲线的方法测定吸光度 A 或峰高。

（3）在每批样品测定时，须作空白检验。

五、结果计算

结果计算正确与否关系到样品测量结果的准确性。

室内空气污染物浓度的测量结果，需要对分析检测数据的离群值作出判断与取舍，按数值修约规则对数据作出合理的修约，提高准确度。

1. 结果计算

分光光度法测定空气中目标污染物的浓度，按式（1-7）计算。

$$\rho = \frac{(A - A_0) \times B_g}{V_0} \times \frac{V_1}{V_2} \quad \text{或} \quad \rho = \frac{(A - A_0) \times B_s}{V_0} \tag{1-7}$$

式中　ρ——空气中目标污染物浓度，mg/m^3；

　　　A——样品溶液的吸光度；

　　　A_0——空白溶液的吸光度；

　　　B_g——计算因子，$B_g = 1/b$，μg／吸光度；

　　　V_0——标准状态下的采样体积，L；

　　　V_1——采样时吸收液的体积，mL；

　　　V_2——分析时移取样品溶液的体积，mL。

注：当 $V_2 = V_1$ 时，简化为右边方程式。

2. 结果表达

一个区域的测定结果，以该区域内各采样点质量浓度的算术平均值表达。

第二节　住宅和办公室空气采样方法

一、依据标准

《室内空气质量标准》（GB/T 18883—2002）规定了甲醛、苯、臭氧和颗粒物等 13 种化学性污染物及放射性氡的标准值，为评估室内空气污染对健康影响风险提供科学依据。

《室内空气质量标准》（GB/T 18883—2002）对室内空气中化学性和放射性污染物采样的选点要求、采样时间和频率、采样方法、质量保证措施、测试结果和评价作出了明确规定。

二、采样仪器和采样方法

（一）采样仪器

1. 气体污染物

用于室内空气中气体污染物采样的空气采样器，噪声应小于 50dB（A），采样空气流量范围应为 0～1L/min，并要求采样前后流量误差小于 5%。

被动式采样器或称为无泵型采样器，用于气体污染物采样，因受采样速度的限制，适合于长时间如 8h、24h 或几天的采样，而且要求在 0.2～2.0m/s 风速范围内进行。

2. 颗粒物

颗粒物的采样，应选用流量≤100L/min 的小流量或中流量空气采样器。

（二）空气采样方法

1. 筛选法采样

采样前关闭门窗 12h，采样时关闭门窗，至少采样 45min。

2. 累积法采样

当采用筛选法采样达不到 GB/T 18883 标准要求时，必须采用累积法（按年平均、日平均或者 8h 平均值）的要求采样。

三、采样布点要求

1. 采样点数量

原则上，房间面积小于 50m² 的应设 1～3 个采样点；50～100m² 设 3～5 个采样点；100m² 以上至少设 5 个采样点。

采样点应在对角线上或呈梅花式均匀分布。

2. 采样点位置

采样点应避开通风口，离墙壁距离应大于 0.5m。

3. 采样点高度

一般要求采样点与人的呼吸带高度相一致，相对高度在 0.5～1.5m 之间。

四、采样时间和频率

1. 浓度取值时间

室内空气污染物浓度表示方法通常为使用 1h 平均浓度或年平均浓度等表示。

年平均浓度至少采样 3 个月，日平均浓度至少采样 18h，8h 平均浓度至少采样 6h，1h 平均浓度至少采样 45min，采样时间应涵盖通风最差的时间段。

2. 采样时间

室内空气污染物浓度调查时，居室监测应监测一天，分上午和下午各一次，上午应选择在起床后（不开窗）监测，6～8h 后进行下午监测。每次采样应采平行样品，平行样品的相对误差不超过 20%。

当室内空气污染物浓度作为仲裁取证时，应选择无人居住的室内进行监测，24h 连续采样一天，取日平均值进行评价。每次采样应采平行样品。

新房出售前，应在密闭情况下进行 24h 连续监测，取日平均值进行评价。

五、采样记录

采样时，要对现场情况、各种污染源、采样日期、时间、地点、数量、布点方式、大气压力、气温、相对湿度、空气流速以及采样者签字等作出详细记录，随样品一同报到实验室。

六、质量保证措施

1. 气密性检查

空气采样器在采样前应对采样系统的气密性进行检查，不得漏气。

2. 流量校准

采样前和采样后要用一级皂膜计校准采样系统进气流量，误差不超过 5%。

采样器流量校准：在采样器正常使用状态下，用一级皂膜计校准采样器流量计的刻度，校准 5 个点，绘制流量标准曲线。记录校准时的大气压力和温度。

3. 平行采样

每次平行采样，测定之差与平均值的相对偏差不超过 20%。

4. 空白检验

在一批现场采样中，应留有两个采样管不采样，并与其他样品管一样对待，作为采样过程中的空白检验，若空白检验超过控制范围，则这批样品作废。

试剂有变动时也需要作空白检验。

5. 检验和标定

仪器使用前，应按仪器说明书对仪器进行检验和标定。

七、测量结果和评价

测量结果以平均值表示，化学性、生物性和放射性指标平均值符合标准值要求时，为符合本标准。如有一项检验结果未达到本标准要求时，为不符合本标准。

要求年平均、日平均、8h 平均值的参数，可以先做筛选采样检验。若检验结果符合标准值要求，为符合本标准。若筛选采样检验结果不符合标准值要求，必须按年平均、日平均、8h 平均值的要求，用累积采样检验结果评价。

第三节　民用建筑工程空气采样方法

一、依据标准

《民用建筑工程室内环境污染控制规范》（GB 50325—2010）规定，检测新建、扩建和改建的民用建筑工程以及室内装修工程室内环境中氡、甲醛、苯、氨和 TVOC 5 种空气污染物标准值，为判定民用建筑工程室内环境污染是否合格提供科学依据。

《民用建筑工程室内环境污染控制规范》（GB 50325—2010）还规定，新建、扩建和改建的民用建筑工程完工 7d 后进行验收。

二、采样房间数量

1. 普通房间

应抽检每个建筑单体有代表性的房间室内环境污染物浓度，抽检数量不得少于房间总数的 5%，每个建筑单体不得少于 3 间；房间总数少于 3 间时，应全数检测。

2. 样板间

凡进行了样板间室内环境污染物浓度检测且测量结果合格的，抽检数量减半，并不得少于 3 间。

3. 复检

对不合格项进行再次检测时，抽检数量应增加 1 倍，并应包含同类型房间及原不合格房间。

三、采样布点要求

1. 采样点数量

室内环境污染物浓度检测点应按房间面积设置，见表 1-1。当房间内有 2 个及以上检测点时，应取各点测量结果的平均值作为该房间的检测值。

表 1-1　采样点数

房间使用面积（m²）	采样点数（个）
<50	1
≥50、<100	2
≥100、<500	不少于 3
≥500、<1000	不少于 5
≥1000、<3000	不少于 6
≥3000	不少于 9

2. 采样点位置

环境污染物浓度现场采样点应距内墙面不小于 0.5m，采样点应均匀分布，避开通风道和通风口。

3. 采样点高度

采样点距楼地面高度应在 0.8～1.5m 之间。

四、采样封闭时间

对采用集中空调的民用建筑工程，应在空调正常运转的条件下进行。

对采用自然通风的民用建筑工程，室内环境中甲醛、苯、氨、TVOC 浓度检测时，采样应在对外门窗关闭 1h 后进行。

室内环境中氡浓度检测时，应在房间的对外门窗关闭 24h 以后进行。

第二章 室内空气污染物检测技术

第一节 甲 醛

一、基本信息

甲醛，化学式 CH_2O，相对分子质量 30.03，熔点 $-118℃$，沸点 $-19.5℃$。最简单的醛，在常温常压下是无色、具有强烈刺激性气味的气体。易溶于水。

甲醛对人类而言是致癌物。

二、检测依据

《室内空气质量标准》（GB/T 18883—2002）规定，室内空气中甲醛质量浓度，按《公共场所卫生检验方法 第2部分：化学污染物》（GB/T 18204.2—2014）第7章中的规定使用 AHMT 分光光度法法、酚试剂分光光度法进行检测。

《民用建筑工程室内环境污染控制规范》（GB 50325—2010）中规定用酚试剂分光光度法和电化学传感器法进行检测。

第一法 AHMT 分光光度法

一、原理依据

空气中甲醛与4-氨基-3-联氨-5-巯基-1,2,4-三氮杂茂（Ⅰ）在碱性条件下缩合（Ⅱ），然后经高碘酸钾氧化成6-巯基-5-三氮杂茂［4,3-b］-S-四氮杂苯（Ⅲ）紫红色化合物，其色泽深浅与甲醛含量成正比。测定范围：$0.01～0.16mg/m^3$（采样体积20L）。

二、试剂溶液制备

（1）吸收液：称量1g三乙醇胺，0.25g偏重亚硫酸钠和0.25g乙二胺四乙酸二钠，加水溶解，并稀释至1000mL。

（2）4-氨基-3-联氨-5-巯基-1,2,4-三氮杂茂（简称AHMT）溶液［0.5%（$m/V\%$）（AHMT）］：称量0.25gAHMT，溶于0.5mol/L盐酸中，并稀释至50mL。将本试剂移入棕色瓶中，在暗处可保存半年。

（3）氢氧化钾溶液［c（KOH）=5mol/L］：称量28g氢氧化钾，溶于水中，并稀释至100mL。

（4）高碘酸钾溶液［1.5%（$m/V\%$）（KIO$_4$）］：称量1.5g高碘酸钾，溶于0.2mol/L氢氧化钾溶液中，稀释至100mL，于水浴中加热溶解后，备用。

（5）硫酸溶液［c（H$_2$SO$_4$）=1mol/L］：取56mL浓硫酸缓慢加入水中，冷却后，稀释至1000mL。

（6）甲醛标准溶液［ρ（HCHO）=$2.00\mu g/mL$］：临用现配，取有证甲醛标准溶

10

液 （100mg/L），用吸收液稀释成 1.00mL 含 2.00μg 甲醛。

三、标准曲线绘制

1. 标准溶液系列

取 7 支 10mL 具塞比色管，用 1.00mL 含 2.00μg 甲醛标准溶液，按表 1-2 制备标准溶液系列。

表 1-2 甲醛标准溶液系列（AHMT）

管 号	0	1	2	3	4	5	6
标准溶液（mL）	0	0.1	0.2	0.4	0.8	1.2	1.6
吸收溶液（mL）	2.0	1.9	1.8	1.6	1.2	0.8	0.4
甲醛含量（μg）	0	0.2	0.4	0.8	1.6	2.4	3.2

2. 显色

在各管中，加入 1.0mL 氢氧化钾溶液（3），1.0mL AHMT 溶液（2），盖上管塞，轻轻颠倒混匀 3 次，放置 20min。加入 0.3mL 高碘酸钾溶液（4），充分摇匀，放置 5min。

3. 测定

用 10mm 比色皿，在波长 550nm 处，以水作参比，测定各管溶液的吸光度 A。

4. 绘制标准曲线

按本篇第一章第一节式（1-1），求出标准曲线的斜率 b、截距 a 和相关系数的 R^2 值。

四、样品采集

取 5mL 吸收液加入气泡吸收管，以 1.0L/min 流量，采气 20L。记录采样点的温度和大气压力。

五、样品检验

1. 样品测定

采样完毕，补充吸收液到采样前的体积。准确移取 2mL 样品溶液于 10mL 比色管中，按（三、2～3）中的方法测定吸光度 A。

2. 空白检验

在每批样品测定时，用 2mL 未采样吸收液作为空白样，测定吸光度 A_0。

六、结果计算

空气中甲醛的质量浓度按式（1-7）计算。

第二法 酚试剂分光光度法

一、原理依据

空气中的甲醛与酚试剂[$C_6H_4SN(CH_3)C$：$NNH_2 \cdot HCl$，简称 MBTH]反应生成嗪，嗪在酸性溶液中被高铁离子氧化形成蓝绿色化合物。根据颜色的深浅，比色定量。测定范围：0.01～0.15mg/m³（采气体积 10L）。

二、试剂溶液制备

（1）吸收原液 $[\rho(MBTH)=1.0g/L]$：称量 0.10g 酚试剂，加水溶解并稀释至 100mL。放冰箱中保存，可稳定 3d。

（2）酚试剂吸收液：临用现配。取 5mL 吸收液原液，加水稀释至 100mL。

（3）硫酸铁铵溶液 $\{\rho[NH_4Fe(SO_4)_2 \cdot 12H_2O]=10\ g/L\}$：称量 1.0g 硫酸铁铵，用 0.1mol/L 盐酸溶解，并稀释至 100mL。

（4）甲醛标准溶液：临用现配。取 10.00mL 有证甲醛标准溶液（100mg/L），加入 100mL 容量瓶中，用水稀释成 1.00mL 含 10μg 甲醛，立即再取此溶液 10.00mL，加入 100mL 容量瓶中，加入 5mL 酚试剂吸收原液，用水定容至 100mL，此液 1.00mL 含 1.00μg 甲醛，放置 30min 后，用于配置标准溶液色列管。此标准溶液可稳定 24h。

三、标准曲线绘制

1. 标准溶液系列

取 9 支 10mL 具塞比色管，用 1.00mL 含 1.00μg 甲醛标准溶液，按表 1-3 制备标准溶液系列。

2. 显色

在各管中加入 0.4mL 硫酸铁铵溶液（3），摇匀，放置 15min。

3. 测定

用 1cm 比色皿，于波长 630nm 处，以水作参比，测定各管溶液的吸光度 A。

表 1-3　甲醛标准溶液系列（酚试剂）

管号	0	1	2	3	4	5	6	7	8
标准溶液（mL）	0	0.1	0.2	0.4	0.6	0.8	1.0	1.5	2.0
吸收溶液（mL）	5.0	4.9	4.8	4.6	4.4	4.2	4.0	3.5	3.0
甲醛含量（μg）	0	0.1	0.2	0.4	0.6	0.8	1.0	1.5	2.0

4. 绘制标准曲线

按本篇第一章第一节式（1-1），求出标准曲线的斜率 b、截距 a 和相关系数的 R^2 值。

四、样品采集

采样前需用皂膜流量计校准，流量误差 $\leqslant \pm 5\%$。取 5mL 吸收液加入气泡吸收管，以 0.5L/min 流量，采气体积 10L。记录采样点的温度和大气压力。在室温下，样品应在 24h 内分析。

五、样品检验

1. 样品测定

将样品溶液全部转入比色管中，用少量吸收液洗涤吸收管，合并使总体积为 5mL。按（三、2~3）中的方法测定吸光度 A。

2. 空白检验

在每批样品测定时，用 5mL 未采样的吸收液作为空白样品，测定吸光度 A_0。

六、结果计算

空气中甲醛的质量浓度按式（1-7）计算。

第二节　氨

一、基本信息

氨，化学式 NH_3，相对分子质量 17.03，沸点 $-33.3\ ℃$。在常温常压下为无色、有刺激性、有腐蚀性、有恶臭气味的气体。氨极易溶于水，水溶液呈弱碱性。

二、检测依据

《室内空气质量标准》（GB/T 18883—2002）规定，室内空气中氨质量浓度，按《公共场所卫生检验方法　第 2 部分：化学污染物》（GB/T 18204.2—2014）第 8 章中规定的靛酚蓝分光光度法、纳氏试剂分光光度法进行检测。

《民用建筑工程室内环境污染控制规范》（GB 50325—2010）规定，按 GB/T 18204.2 用靛酚蓝分光光度法进行检测。

第一法　靛酚蓝分光光度法

一、原理依据

空气中的氨吸收在稀硫酸溶液中，在亚硝基铁氰化钠和次氯酸钠存在下，与水杨酸生成蓝绿色的靛酚蓝染料，根据颜色的深浅，比色定量。测定范围：$0.01\sim2mg/m^3$（采气体积 5L）。

二、试剂溶液制备

试剂均为分析纯，水为无氨蒸馏水。

（1）吸收液 $[c(H_2SO_4) = 0.005mol/L]$：量取 2.8mL 浓硫酸加入水中，并稀释至 1L。临用时再稀释 10 倍。

（2）水杨酸溶液 $\{\rho[C_6H_4(OH)COOH] = 50g/L\}$：称取 10.0g 水杨酸和 10.0g 柠檬酸钠（$Na_3C_6O_7 \cdot 2H_2O$），加水约 50mL，再加 55mL 氢氧化钠溶液 $[c(NaOH)=2mol/L]$，用水稀释至 200mL。此试剂稍有黄色，室温下可稳定 1 个月。

（3）亚硝基铁氰化钠溶液（10g/L）：称取 1.0g 亚硝基铁氰化钠 $[Na_2Fe(CN)_5 \cdot NO \cdot 2H_2O]$ 溶于 100mL 水中。贮存于冰箱中可稳定 1 个月。

（4）次氯酸钠溶液 $[c(NaClO)=0.05mol/L]$：取 1mL 次氯酸钠试剂原液，根据碘量法用氢氧化钠溶液 $[c(NaOH)=2mol/L]$ 稀释成 0.05mol/L 的次氯酸钠溶液。贮存于冰箱中可保存两个月。

（5）次氯酸钠溶液浓度的标定：称取 2g 碘化钾于 250mL 碘量瓶中，加水 50mL 溶解。加 1.00mL 次氯酸钠试剂，再加 0.5mL（1+1）盐酸溶液，摇匀。暗处放置 3min。用 0.100mol/L 硫代硫酸钠标准溶液滴定至浅黄色，加入 1mL 5g/L 淀粉溶液，继续滴定至蓝色刚好褪去，即为终点。记录滴定所用硫代硫酸钠标准溶液的体积，平行滴定三次，消耗硫代硫酸钠标准溶液体积之差不应大于 0.04mL，取其平均值。已知硫代硫酸钠标准溶液的浓度，则次氯酸钠标准溶液浓度按式(1-8)计算。

$$c(NaClO) = \frac{c(1/2NaS_2O_3) \times V}{1.00 \times 2}$$ (1-8)

式中　　$c(NaClO)$——次氯酸钠标准溶液浓度，mol/L；

V——滴定时所消耗硫代硫酸钠标准溶液的体积，mL；

$c(1/2NaS_2O_3)$——硫代硫酸钠标准溶液的浓度，mol/L。

（6）氨标准溶液：用有证 500mg/L 氨标准溶液，用 2mL 和 10mL 单标线吸量管精确量取，在 100mL 容量瓶中经两次稀释成 1.00μg/mL 制作标准曲线，求出计算因子 B_g。

三、标准曲线绘制

1. 溶液标准系列

取 7 支 10mL 具塞比色管，用 1.00mL 含 1.00μg 氨溶液，按表 1-4 制备标准系列。

表 1-4　氨标准系列(靛酚蓝)

管号	0	1	2	3	4	5	6
氨标准溶液(mL)	0	0.50	1.00	3.00	5.00	7.00	10.00
硫酸吸收液(mL)	10.00	9.50	9.00	7.00	5.00	3.00	0
氨含量(μg)	0	0.50	1.00	3.00	5.00	7.00	10.00

2. 显色

在各管中加入 0.50mL 水杨酸溶液，再加入 0.10mL 亚硝基铁氰化钠溶液和 0.10mL 次氯酸钠溶液，室温下放置 1h。

3. 测定

用 1cm 比色皿，于波长 697.5 nm 处，以水作参比，测定各管溶液的吸光度 A。

4. 作图

以氨含量 $\rho(μg)$ 作横坐标，吸光度 A 为纵坐标，绘制标准曲线，并计算标准曲线的斜率。以斜率的倒数作为样品测定的计算因子 $B_g(μg /吸光度)$。

四、样品采集

取 10mL 吸收液加入气泡吸收管，以 0.5L/min 流量，采气体积 5L。记录采样点的温度和大气压力。在室温下，样品于 24h 内分析。

五、样品检验

1. 样品测定

将样品溶液转入具塞比色管中，用少量的水清洗吸收管，合并，使总体积为 10mL。按本节本法(三、2～3)的方法测定吸光度 A。

2. 空白检验

每批样品测定时，用 10mL 未采样的吸收液作为空白检验，测定吸光度 A_0。

六、结果计算

空气中氨的质量浓度按式(1-7)计算。

第二法　纳氏试剂分光光度法

一、原理依据

空气中的氨吸收在硫酸溶液中，与纳氏试剂作用生成黄色化合物，依颜色深浅比色定量。

二、试剂溶液制备

（1）吸收液$[c(H_2SO_4) = 0.005mol/L]$：按本节第一法（三）制备。

（2）氨标准贮备液：按本节第一法（三）制备。

（3）氨标准工作液：临用现配，将标准贮备液用吸收液稀释成 1.00mL 含 2.00μg 氨溶液。

（4）酒石酸钾钠溶液（500g/L）：称取 50g 酒石酸钾钠（$KNaC_4H_4O_6 \cdot 4H_2O$）溶于 100mL 水中，煮沸至减少约 20mL 为止，冷却后，再用水稀释至 100mL。

（5）纳氏试剂：称取 17g 二氯化汞（$HgCl_2$）溶于 300mL 水中，另外称取 35g 碘化钾（KI）溶于 100mL 水中，然后将二氯化汞溶液缓慢加入碘化钾溶液中，直至形成红色沉淀不溶解为止再加入 600mL 氢氧化钠溶液（200g/L）及剩余的二氯化汞溶液。将此溶液静置 1～2d，使红色混浊物沉淀，将上清液移入棕色瓶中，用橡皮塞塞紧保存备用。

注：纳氏试剂含有二氯化汞，毒性较大，取用时必须十分小心，废液须收于废液桶内。

三、标准曲线绘制

1. 溶液标准系列

7 支 10mL 具塞比色管，用 1.00mL 含 2.00μg 氨溶液（3），按表 1-5 制备标准系列。

表 1-5　氨标准系列（纳氏试剂）

管号	0	1	2	3	4	5	6
氨标准溶液（mL）	0	1.00	2.00	4.00	6.00	8.00	10.00
吸收液（mL）	10.00	9.00	8.00	6.00	4.00	2.00	0
氨含量（μg）	0	2.00	4.00	8.00	12.00	16.00	20.00

2. 显色

在各管中加入 0.1mL 酒石酸钾钠溶液（4），再加入 0.5mL 纳氏试剂（3），摇匀，在室温下放置 10min。

3. 测定

用 1cm 比色皿，于波长 425nm 处，以水作参比，测定各管溶液的吸光度 A。

4. 作图

以氨含量 $\rho(\mu g)$ 作横坐标，吸光度 A 为纵坐标，绘制标准曲线，并计算标准曲线的斜率。以斜率的倒数作为样品测定的计算因子 $B_g(\mu g /吸光度)$。

四、样品采集

取 10mL 吸收液加入气泡吸收管，以 0.5L/min 流量，采气体积 5L。记录采样点的温度和大气压力。在室温下，样品于 24h 内分析。

五、样品检验

1. 样品测定

将样品溶液转入具塞比色管中，用少量的水清洗吸收管，合并，使总体积为 10mL。按本节本法（三、2～3）测定吸光度 A。

2. 空白检验

在每批样品测定的同时，用 10.00mL 未采样的吸收液作为空白样，按相同步骤测定吸光度 A_0。

六、结果计算

空气中氨的质量浓度按式（1-7）计算。

第三节 苯

一、基本信息

苯，化学式 C_6H_6，相对分子质量 78.11，沸点 80.1℃。苯为挥发性有机化合物，在常温常压下为一种无色透明液体，具有甜味和强烈芳香气味。

苯对人类而言是致癌物。

二、检测依据

《室内空气质量标准》（GB/T 18883—2002）附录 B 中规定，室内空气中苯的检测方法主要按《居住区大气中苯、甲苯和二甲苯卫生检验标准方法 气相色谱法》（GB 11737）执行。

《民用建筑工程室内环境污染控制规范》（GB 50325—2010）附录 F 中规定，室内空气中苯的测定主要依据《居住区大气中苯、甲苯和二甲苯卫生检验标准方法 气相色谱法》（GB/T 11737—1989）执行。

第一法 毛细管气相色谱法

（摘自 GB/T 18883 附录 B）

一、原理

空气中的苯用活性炭吸附管采集，然后用二硫化碳溶剂提取出来。用氢火焰离子化检测器的气相色谱仪进行分析，以保留时间定性，峰高定量。检测下限：0.025mg/m³。线性范围：10^6。

二、仪器和设备

（1）活性炭采样管：内径 3.5～4.0mm、长 150mm 玻璃管，装入 100mg 20～40 目椰子壳活性炭。塑料帽封口，于干燥器中可保存 5d。若将玻璃管熔封，可稳定 3 个月。

（2）空气采样器：流量 0.2～1L/min。

（3）注射器：1mL。体积刻度误差校正。

（4）微量注射器：1μL、10μL。体积刻度误差应校正。

（5）具塞刻度试管：2mL。

（6）气相色谱仪：配备氢火焰离子化检测器。

（7）色谱柱：内径0.53mm，长30m大口径非极性石英柱毛细管柱。

三、试剂和材料

（1）苯：色谱纯。

（2）二硫化碳：分析纯，需纯化。

（3）高纯氮：99.999％。

四、色谱分析条件

分析苯的最佳的色谱分析条件。示例：色谱柱温度90℃；检测室温度150℃；汽化室温度150℃；载气氮气50mL/min。

五、标准曲线绘制

计算因子可通过绘制标准曲线或单点校正法求出。绘制标准曲线和单点校正法求出计算因子时，应在与作样品分析的相同条件下进行。

1. 贮备液

在5.0mL容量瓶中，先加入少量二硫化碳，用1μL注射器准确量取一定量的苯（20℃时，1μL苯重0.8787mg）注入容量瓶中，加二硫化碳至刻度，配成一定浓度的贮备液。

2. 标准液

临用前取一定量的贮备液，用二硫化碳逐级稀释成苯含量分别为2.0μg/mL、5.0μg/mL、10.0μg/mL、50.0μg/mL的标准液。

3. 分析测定

分别取1μL进样，测量保留时间及峰高，每个浓度重复3次，取峰高的平均值。

4. 绘制标准曲线

分别以1μL苯的含量（μg/mL）为横坐标（μg），平均峰高为纵坐标（mm），绘制标准曲线，并计算回归线的斜率，以斜率的倒数B_g（μg/mm）作样品测定的计算因子。

六、空气采样

在采样地点打开活性炭管，与空气采样器进气口垂直连接，以0.5L/min流量，采气体积20L。

采样后，将管的两端套上塑料帽密封，并记录采样点的温度和大气压力。

样品可保存5d。

七、样品检验

将活性炭倒入具塞刻度试管中，加1.0mL二硫化碳，塞紧管塞，放置1h，并不时振摇。

取1μL进色谱柱，用保留时间定性，峰高（mm）定量。每个样品作三次分析，求峰高的平均值。

同时，取一个未经采样的活性炭管按样品管同样操作，测量空白管的平均峰高（mm）。

八、结果计算

空气中的苯浓度按式（1-9）计算。

$$c = \frac{(h - h_0) \times B_s}{V_0 \times E_s} \times 1000 \tag{1-9}$$

式中　　c——空气中苯的浓度，mg/m³；

　　　　h——样品峰高的平均值，mm；

　　　　h_0——空白管的峰高，mm；

　　　　B_s——提取法得到的校正因子，μg/mm；

　　　　E_s——由试验确定的二硫化碳提取的效率；

　　　　V_0——标准状态下的采样体积，L。

一个区域的测定结果，以该区域内各采样点质量浓度的算术平均值表达。

第二法　热解吸气相色谱法

（摘自 GB 50325 附录 F）

一、原理依据

空气中的苯用活性炭管采集，然后经热解吸，用气相色谱法分析，以保留时间定性，峰面积定量。

二、仪器及设备

（1）热解吸装置　能对吸附管进行热解吸，解吸温度、载气流速可调。

（2）色谱柱　毛细管柱或填充柱。毛细管柱长 30～50m，内径 0.53mm 或 0.32mm 石英柱，内涂覆二甲基聚硅氧烷或其他非极性材料；填充柱长 2m、内径 4mm 不锈钢柱，内填充聚乙二醇 6000—6201 担体（5:100）固定相。

三、气相色谱条件

色谱分析条件可选用以下推荐值：

填充柱温度为 90℃或毛细管柱温度为 60℃；

检测室温度为 150℃；

汽化室温度为 150℃；

载气为氮气。

四、标准曲线绘制

准确抽取浓度约 1mg/m³ 的标准气体 100mL、200mL、400mL、1L、2L 通过吸附管。用热解吸气相色谱法分析吸附管标准系列，以苯的含量（μg）为横坐标，峰高为纵坐标，分别绘制标准曲线。

五、样品采集

在采样地点打开吸附管，与空气采样器入气口垂直连接，调节流量在 0.3～0.5L/min 的范围内，用一级皂膜流量计校准采样系统的流量，采集约 10L 空气，记录采样时间、采样流量、温度和大气压。

采样后，取下吸附管，密封吸附管的两端，做好标识，放入可密封的金属或玻璃容器中。样品可保存 5d。

六、样品检验

将吸附管置于热解吸直接进样装置中，350℃解吸后，解吸气体直接由进样阀进入气相色谱仪，进行色谱分析，以保留时间定性、峰面积定量。

七、结果计算

空气样品中苯的浓度，按式（1-10）计算。

$$c = \frac{m - m_0}{V_0} \qquad\qquad (1\text{-}10)$$

式中　c——空气样品中苯浓度，mg/m^3；

m——样品管中苯的量，μg；

m_0——未采样管中苯的量，μg；

V_0——标准状态下的采样体积，L。

一个区域的测定结果，以该区域内各采样点质量浓度的算术平均值表达。

第四节　甲苯和二甲苯

（毛细管气相色谱法）

一、基本信息

甲苯，英文名称 methylbenzene，化学式 C_7H_8，相对分子质量 92.14，沸点 110.6℃。无色透明液体，有类似苯的芳香气味。不溶于水。

二甲苯，英文名称 Xylene，化学式 C_8H_{10}，结构简式 $C_6H_4(CH_3)_2$，相对分子质量 106.17。有三种异构体，邻二甲苯沸点 144.42℃，间二甲苯沸点 139.10℃，对二甲苯沸点 138.35℃。二甲苯是一种无色透明液体，有芳香烃的特殊气味，不溶于水。

二、检测依据

《室内空气质量标准》（GB/T 18883—2002）规定，空气中甲苯和二甲苯浓度的测定，按《居住区大气中苯、甲苯和二甲苯卫生检验标准方法　气相色谱法》（GB 11737—1989）执行。

三、原理依据

空气中的甲苯和二甲苯用活性炭吸附管采集，然后经热解吸，或用二硫化碳溶剂提取出来。用氢火焰离子化检测器的气相色谱仪进行分析，以保留时间定性，峰高或峰面积定量。

四、仪器和设备

（1）活性炭采样管：外径 6mm、内径 3.5～4.0mm、长 150mm 玻璃管，装入 100mg 20～40 目椰子壳活性炭。塑料帽封口，放于干燥器中可保存 5d。若将玻璃管熔封，此管可稳定 3 个月。

（2）空气采样器：流量 0.2～1L/min。

（3）注射器：1mL、100mL。体积刻度误差应校正。

（4）微量注射器：1μL、10μL。体积刻度误差应校正。

（5）热解吸装置：调温范围 100～400℃，控温精度±1℃。热解吸气体为氮气，流量调节范围为 50～100mL/min，读数误差为±1mL/min。

（6）具塞刻度试管：2mL。

（7）气相色谱仪：配备氢火焰离子化检测器。

（8）色谱柱：内径 4mm、长 2m 不锈钢柱，内填充聚乙二醇 6000－6201 担体（5：100）固定相。

五、试剂和材料

（1）甲苯和二甲苯：色谱纯。

（2）二硫化碳：分析纯，需纯化。

（3）色谱固定液：聚乙二醇 6000。

（4）6201 担体：60～80 目。

（5）高纯氮：99.999%。

六、色谱分析条件

应根据所用气相色谱仪的型号和性能，制定出能分析甲苯和二甲苯的最佳的色谱分析条件。示例：

色谱柱温度 90℃；检测室温度 150℃；汽化室温度 150℃；载气氮 50mL/min。

七、绘制标准曲线和单点校正测定计算因子

计算因子可通过绘制标准曲线或单点校正法求出。绘制标准曲线和单点校正法求出计算因子时，应在与作样品分析的相同条件下进行。

1. 热解吸法

（1）用微量注射器准确取一定量的甲苯和二甲苯(20℃ 时，1μL 甲苯重 0.8669mg，邻二甲苯、间二甲苯、对二甲苯分别重 0.8802mg、0.8642mg、0.8611mg)分别注入 100mL 注射器中，以氮气为本底气，配成一定浓度的标准气体。

（2）取一定量的甲苯和二甲苯标准气体分别注入同一个 100mL 注射器中相混合，再用氮气逐级稀释成 0.02～2.0μg/mL 范围内四个浓度点的甲苯和二甲苯的混合气体。

（3）取 1mL 进样，测量保留时间及峰高。每个浓度重复 3 次，取峰高的平均值。

（4）分别以甲苯和二甲苯的含量(μg/mL)为横坐标，平均峰高(mm)为纵坐标，绘制标准曲线，并计算回归线的斜率，以斜率的倒数 B_g[μg/(mL·mm)]作样品测定的计算因子。

2. 提取法

（1）在 3 个 5.0mL 容量瓶中，先加入少量二硫化碳，用 10μL 注射器准确量取一定量的甲苯和二甲苯分别注入容量瓶中，加二硫化碳至刻度，配成一定浓度的贮备液。

（2）临用前取一定量的贮备液用二硫化碳逐级稀释成甲苯和二甲苯含量为 0.005μg/mL、0.01μg/mL、0.05μg/mL、0.20μg/mL 的混合标准液。

（3）分别取 1μL 进样，测量保留时间及峰高，每个浓度重复 3 次，取峰高的平均值。

（4）以甲苯和二甲苯的含量（$\mu g/\mu L$）为横坐标，平均峰高（mm）为纵坐标，绘制标准曲线，并计算回归线的斜率，以斜率的倒数 $B_g[\mu g/(mL \cdot mm)]$ 作为样品测定的计算因子。

3. 单点校正法

当仪器的稳定性能较差时，可用单点校正法求校正因子。在样品测定的同时，分别取零浓度和与样品热解吸气（或二硫化碳提取液）中含甲苯和二甲苯浓度相接近时标准气体 1mL 或标准溶液 $1\mu L$ 按本条第 1 项或第 2 项操作，测量零浓度和标准的色谱峰高（mm）和保留时间，用式（1-11）计算校正因子。

$$f = \frac{c_s}{h_s - h_0} \tag{1-11}$$

式中　f ——校正因子，$\mu g/(mL \cdot mm)$（对热解吸气样）或 $\mu g/(\mu L \cdot mm)$（对二硫化碳提取液样）；

$\quad\quad c_s$ ——标准气体或标准溶液浓度，$\mu g/mL$ 或 $\mu g/\mu L$；

$\quad\quad h_s$ ——标准气体或标准溶液的平均峰高，mm；

$\quad\quad h_0$ ——零浓度的平均峰高，mm。

八、空气采样

在采样地点打开活性炭管，与空气采样器进气口垂直连接，以 0.5L/min 流量，采气体积 10L。

采样后，将管的两端套上塑料帽密封，并记录采样点的温度和大气压力。

样品可保存 5d。

九、样品检验

1. 热解吸法进样分析

将已采样的活性炭管与 100mL 注射器相连，置于热解吸装置上，用氮气以 50～60℃ mL/min 的速度在 350℃ 下解吸，解吸体积为 100mL，取 1mL 解吸气进色谱柱，用保留时间定性，峰高（mm）定量。每个样品作三次分析，求峰高的平均值。同时，取一个未采样的活性炭管，按样品管同样操作，测定空白管的平均峰高。

2. 二硫化碳提取法进样分析

将活性炭倒入具塞刻度试管中，加 1.0mL 二硫化碳，塞紧管塞，放置 1h，并不时振摇，取 $1\mu L$ 进色谱柱，用保留时间定性，峰高（mm）定量。每个样品作三次分析，求峰高的平均值。同时，取一个未经采样的活性炭管按样品管同样操作，测量空白管的平均峰高（mm）。

十、结果计算

1. 采样体积

按本篇第一章第一节式（1-5）和式（1-6）换算成标准状态下的采样体积 V_0。

2. 热解吸法结果

用热解吸法时，空气中甲苯和二甲苯的浓度按式（1-12）计算。

$$c = \frac{(h - h_0) \cdot B_g}{V_0 \cdot E_g} \times 100 \tag{1-12}$$

式中 c——空气中甲苯或二甲苯质量浓度，mg/m^3；

h——样品峰高的平均值，mm；

h_0——空白样的峰高，mm；

B_g——热解吸法得到的计算因子，$\mu g/(mL \cdot mm)$；

E_g——热解吸效率；

V_0——标准状态下的采样体积，L。

3. 提取法结果

用二硫化碳提取法时，空气中甲苯和二甲苯浓度按式(1-13)计算。

$$c = \frac{(h-h_0) \cdot B_s}{V_0 \cdot E_s} \times 1000 \qquad (1\text{-}13)$$

式中 B_s——提取法得到的校正因子，$\mu g/(\mu L \cdot mm)$；

E_s——二硫化碳提取的效率。

4. 单点校正法结果

用单点校正法时，空气中甲苯、二甲苯的浓度按式(1-14)或式(1-15)计算。

$$c = \frac{(h-h_0) \cdot f_g}{V_0 \cdot E_g} \times 100 \qquad (1\text{-}14)$$

或者

$$c = \frac{(h-h_0) \cdot f_s}{V_0 \cdot E_s} \times 1000 \qquad (1\text{-}15)$$

式中 f_g——由热解吸法得到的校正因子，$mg/(mL \cdot mm)$；

F_s——由二硫化碳提取法得到的校正因子，$\mu g/(\mu L \cdot mm)$。

第五节 总挥发性有机化合物（TVOC）检测技术

一、基本信息

世界卫生组织（WHO）定义：VOCs 代表挥发性有机化合物（volatile organic compounds，VOCs）是指沸点的范围从 50～100℃ 至 240～260℃ 内的有机化合物。

TVOC 代表总挥发性有机化合物（total volatile organic compounds，TVOC），是指用 Tenax TA®1）采样，经色谱柱洗脱出来，并用氢火焰离子化检测器（TVOCFID）或质谱检测器（TVOCMS）检测的，通过分析窗口的色谱图总面积转换成甲苯当量进行定量的，包括在正己烷和正十六烷之间的挥发性有机化合物的总称。

二、检测依据

《室内空气质量标准》（GB/T 18883—2002）规定，TVOC 的测定依据相关标准《公共场所卫生检验方法 第 2 部分：化学污染物》（GB/T 18204.2—2014）。

《民用建筑工程室内环境污染控制规范》（GB 50325—2010）附录 G 规定 TVOC 的测定方法。

第一法　热解析/毛细管气相色谱法

（摘自 GB/T 18883）

一、原理依据

选择合适的吸附剂（Tenax GC 或 Tenax TA），用吸附管采集一定体积的空气样品，空气流中的挥发性有机化合物保留在吸附管中。采样后，将吸附管加热，解吸挥发性有机化合物，待测样品随惰性载气进入毛细管气相色谱仪。用保留时间定性，峰高或峰面积定量。

检测下限：热解吸法为 $0.5\mu g/m^3$（采样体积 10L）。

线性范围：10^6。

二、仪器和设备

（1）吸附管：外径 6.3mm，内径 5mm，长 90mm（或 180mm），吸附管中可装填 $200\sim1000mg$ 的吸附剂。

（2）注射器：$10\mu L$ 液体注射器；$10\mu L$ 气体注射器；1mL 气体注射器。

（3）恒流空气采样器：流量范围 $0.02\sim0.5L/min$，流量稳定。使用时用皂膜流量计校准采样系统在采样前和采样后的流量。流量误差应小于 5％。

（4）气相色谱仪：配备氢火焰离子化检测器、质谱检测器。色谱柱为非极性（极性指数小于 10）石英毛细管柱。

（5）热解吸仪：能对吸附管进行二次热解吸，并将解吸气用惰性气体载带进入气相色谱仪。解吸温度、时间和载气流速可调。冷阱可将解吸样品进行浓缩。

（6）液体外标法制备标准系列的注射装置：常规气相色谱进样口，可以在线使用也可以独立装配，保留进样口载气连线，进样口下端可与吸附管相连。

三、试剂和材料

分析过程中使用的试剂应为色谱纯；如果为分析纯，需经纯化处理，保证色谱分析无杂峰。

（1）VOCs：为了校正浓度，需用 VOCs 作为基准试剂，配成所需浓度的标准溶液或标准气体，然后采用液体外标法或气体外标法将其定量注入吸附管。

（2）稀释溶剂：液体外标法所用的稀释溶剂应为色谱纯，在色谱流出曲线中应与待测化合物分离。

（3）吸附剂：使用的吸附剂粒径为 $0.18\sim0.25mm$（$60\sim80$ 目），吸附剂在装管前都应在其最高使用温度下，用惰性气流加热活化处理过夜。为了防止二次污染，吸附剂应在清洁空气中冷却至室温，储存和装管。解吸温度应低于活化温度。由制造商装好的吸附管使用前也需活化处理。

（4）高纯氮：氮的质量分数为 99.999％。

四、色谱分析条件

可选择膜厚度为 $1\sim5\mu m$、$50m\times0.22mm$ 的石英柱，固定相可以是二甲基硅氧烷或 7％的氰基丙烷、7％的苯基、86％的甲基硅氧烷。柱操作条件为程序升温，初始温度 50℃保持 10min，以 5℃/min 的速率升温至 250℃。

五、标准曲线绘制

（1）气体外标法：用泵准确抽取 $100\mu g/m^3$ 的标准气体 100mL、200mL、400mL、1L、2L、4L、10L 通过吸附管，为标准系列。

（2）液体外标法：利用本节（二、6）的进样装置分别取 $1\sim5\mu L$ 含液体组分 $100\mu g/mL$ 和 $10\mu g/mL$ 的标准溶液注入吸附管，同时用 100mL/min 的惰性气体通过吸附管，5min 后取下吸附管密封，为标准系列。

（3）标准曲线绘制：用热解吸气相色谱法分析吸附管标准系列，以扣除空白后峰面积为纵坐标，以待测物质量为横坐标，绘制标准曲线。

六、样品采集

将吸附管与采样器用塑料或硅橡胶管相接。吸附管垂直安装在呼吸带上；固定位置采样时，选择合适的采样位置。打开采样器，以保证总样品量不超过 1mg，调节流量，在适当的时间内获得所需的采样体积（1~10L）。记录采样开始和结束时的时间、采样流量、采样点的温度和大气压力。

采样后将管取下，密封管的两端或将其放入可密封的金属或玻璃管中。样品可保存 14d。

七、样品检验

1. 样品的解吸和浓缩

将吸附管安装在热解吸仪上，加热，使有机蒸汽从吸附剂上解吸下来，并被载气流带入冷阱，进行预浓缩，载气流方向与采样时的方向相反。再以低流速快速解吸，经传输线进入毛细管气相色谱仪。传输线的温度应足够高，防止待测成分凝结。解吸条件见表 1-6。

表 1-6　解吸条件

解吸温度	250~325℃
解吸时间	5~15min
解吸气流量	30~50mL/min
冷阱的制冷温度	+20~-180℃
冷阱的加热温度	250~350℃
冷阱中的吸附剂	如果使用，一般与吸附管相同，40~100mg
载气	氦气或高纯氮气
分流比	样品管和二级冷阱之间以及二级冷阱和分析柱之间的分流比应根据空气中的浓度来选择

2. 样品分析

每支样品吸附管按绘制标准曲线的操作步骤（即相同的解吸和浓缩条件及色谱分析条件）进行分析，用保留时间定性，峰面积定量。

八、结果计算

空气样品中各待测组分的浓度按式（1-16）计算：

$$c = \frac{F - B}{V_0} \times 1000 \qquad (1-16)$$

式中　c ——空气样品中待测组分的浓度，$\mu g/m^3$；

　　　F ——样品管中组分的质量，μg；

　　　B ——空白管中组分的质量，μg；

　　　V_0——标准状态下的采样体积，L。

　　TVOC 的含量按式（1-17）计算：

$$TVOC = \sum_{i=1}^{n} c \qquad (1-17)$$

式中　TVOC——空气样品中总挥发性有机化合物的浓度，mg/m^3。

　　注：

　　（1）应对保留时间在正己烷之间的所有化合物进行分析。

　　（2）计算 TVOC，包括色谱图中从正己烷到正十六烷之间的所有化合物。

　　（3）根据单一的校正曲线，对尽可能多的 VOCs 定量，至少应对 10 个最高峰进行定量。

　　（4）计算已鉴定和定量的挥发性有机化合物的浓度 S_{id}。

　　（5）用甲苯的相应系数计算未鉴定的挥发性有机化合物的浓度 S_{un}。

　　（6）S_{id} 和 S_{un} 之和为 TVOC 的浓度或 TVOC 的值。

　　（7）如果检测到的化合物超出了（2）中 TVOC 定义的范围，那么这些信息应添加到 TVOC 值中。

第二法　热解吸气相色谱法

（摘自 GB 50325）

一、原理依据

　　用 Tenax-TA 吸附管采集一定体积的空气样品，空气中的挥发性有机化合物保留在吸附管中，通过热解吸装置加热吸附管得到挥发性有机化合物的解吸气体，将其注入气相色谱仪，进行色谱分析，以保留时间定性，峰面积定量。

二、试剂和材料

　　（1）Tenax-TA 吸附管。

　　（2）标准品　苯、甲苯、对（间）二甲苯、邻二甲苯、苯乙烯、乙苯、乙酸丁酯、十一烷的标准溶液或标准气体。

三、仪器及设备

　　（1）热解吸装置　能对吸附管进行热解吸，解吸温度、载气流速可调。

　　（2）气相色谱仪　配备氢火焰离子化检测器。

　　（3）毛细管柱　长 30～50m，内径 0.32mm 或 0.53mm 石英柱，内涂覆二甲基聚硅氧烷，膜厚 1～5μm，柱操作条件为程序升温 50～250℃，初始温度为 50℃，保持10min，升温速率 5℃/min，至 250℃，保持 2min。

四、标准系列制备

　　根据实际情况可以选用气体外标法或液体外标法。

（1）气体外标法：准确抽取气体组分浓度约 1mg/m³ 的标准气体 100mL、200mL、400mL、1L、2L 通过吸附管，为标准系列。

（2）液体外标法：取单组分含量为 0.05mg/mL、0.1mg/mL、0.5mg/mL、1.0mg/mL、2.0mg/mL 的标准溶液 1～5μL 注入吸附管，同时用 100mL/min 的氮气通过吸附管，5min 后取下，密封，为标准系列。

五、标准曲线制备

用热解吸气相色谱法分析吸附管标准系列，以各组分的含量（μg）为横坐标，峰面积为纵坐标，分别绘制标准曲线，并计算回归方程。

六、样品采集

应在采样地点打开吸附管，与空气采样器入气口垂直连接，调节流量在 0.1～0.4L/min 的范围内，用皂膜流量计校准采样系统的流量，采集 1～5L 空气，记录采样时间、采样流量、温度和大气压。

采样后，取下吸附管，密封吸附管的两端，做好标记，放入可密封的金属或玻璃容器中，应尽快分析，样品最长可保存 14d。

注：采集室外空气空白样品，应与采集室内空气样品同步进行，地点宜选择在室外上风口处。

七、热解吸气相色谱法

根据实际情况可以选用以下方法中的一种，当发生争议时，以方法一为准。

方法一：热解吸直接进样的气相色谱法

将吸附管置于热解吸直接进样装置中，250～325℃解吸后，解吸气体直接由进样阀快速进入气相色谱仪，进行色谱分析，以保留时间定性、峰面积定量。

方法二：热解吸后手工进样的气相色谱法

将吸附管置于热解吸装置中，与 100mL 注射器（经 60℃预热）相连，用氮气以 50～60mL/min 的速度在 250～325℃下解吸，解吸体积为 50～100mL，于 60℃平衡 30min，取 1mL 平衡后的气体注入气相色谱仪，进行色谱分析，以保留时间定性、峰面积定量。

八、样品检验

每支样品吸附管及未采样管，按标准系列相同的热解吸气相色谱分析方法进行分析，以保留时间定性、峰面积定量。

九、结果计算

（1）空气样品中各待测组分的浓度按式（1-18）计算。

$$c_{\mathrm{m}} = \frac{m_i - m_0}{V} \qquad (1\text{-}18)$$

式中　　c_{m} ——所采空气样品中 i 组分浓度，mg/m³；

　　　　m_i ——样品管中 i 组分的量，μg；

　　　　m_0 ——未采样管中 i 组分的量，μg；

　　　　V ——空气采样体积，L。

（2）TVOC 浓度

空气样品中总挥发性有机化合物（TVOC）的浓度按式（1-19）计算。

$$C_{TVOC} = \sum_{i=1}^{i=n} c_i \qquad (1-19)$$

式中 C_{TVOC}——标准状态下 TVOC 的浓度，mg/m³。

注：对未识别峰，可以以甲苯计。

第六节 一氧化碳

（不分光红外分析法）

一、基本信息

一氧化碳，化学式 CO，相对分子质量 28.01。沸点 $-190℃$。在常温常压下，为无色、无臭、无味、无刺激性的剧毒气体。极难溶于水。

《室内空气质量标准》（GB/T 18883—2002）规定，室内空气中一氧化碳测定，按《公共场所卫生检验方法 第 2 部分：化学污染物》（GB/T 18204.2—2014）3.1 中规定的不分光红外分析法和气相色谱法进行测定。

二、原理依据

一氧化碳对红外线具有选择性吸收。在一定范围内，吸收值与一氧化碳浓度呈线性关系，根据吸收值可以确定样品中的一氧化碳浓度。

三、仪器

不分光红外线一氧化碳气体分析仪：

（1）测量范围：$0.125\sim62.5$ mg/m³；

（2）重现性：$\leqslant1\%$满量程；

（3）零点漂移：$\leqslant\pm2\%$满量程/h；

（4）量程漂移：$\leqslant\pm2\%$满量程/3h；

（5）线性偏差：$\leqslant\pm2\%$满量程；

（6）响应时间：$t_0\sim t_{90}<45s$。

四、试剂和材料

（1）干燥管：充填经过 120℃ 干燥 2h 的变色硅胶；或充填分析纯氯化钙。

（2）氧化管：充填粒径为 $830\sim1000\mu m$ 的霍加拉特氧化剂。

（3）一氧化碳标准气体（装于铝合金钢瓶）：不确定度小于 1%。

五、测量方法

（1）零点校准：开启一氧化碳气体分析仪，待仪器稳定后，将通过氧化管和干燥管净化后的空气，接入仪器进气口，校准零点。

（2）终点校准：将一氧化碳标准气体接入仪器进气口，校准终点。

（3）零点和终点校准，重复 $2\sim3$ 次，使仪器处在正常工作状态。

（4）现场测定：从一氧化碳气体分析仪直接读出空气中一氧化碳的浓度。

六、结果计算

如果仪器浓度读数为体积分数，可按式（1-20）换算成为标准状态下的质量浓度。

$$\rho = \frac{C_{p} \cdot T_{0}}{B \cdot (273 + T)} \cdot M \qquad (1\text{-}20)$$

式中　ρ——CO 质量浓度，mg/m^3；

C_{p}——CO 体积分数，mL/m^3；

T_{0}——标准状态下的绝对温度，273K；

B——标准状态下（0℃，101.3kPa）气体摩尔体积，$B = 22.4L/mol$；

T——现场温度，℃；

M——CO 摩尔质量，数值为 28，g/mol。

第七节　二氧化碳

（不分光红外分析法）

一、基本信息

二氧化碳，化学式 CO_2，相对分子质量 44.0095。沸点 −78.46℃。在常温常压下为无色、无味气体。微溶于水。加压降温可制得二氧化碳干冰，干冰沸点 −78.5℃。

《室内空气质量标准》（GB/T 18883—2002）规定，室内空气中二氧化碳的测定，按《公共场所卫生检验方法　第 2 部分：化学污染物》（GB/T 18204.2—2014）4.1 中规定用不分光红外分析法测定，也可采用气相色谱法和容量滴定法测定。

二、原理依据

二氧化碳对红外线具有选择性吸收。在一定范围内，吸收值与二氧化碳浓度呈线性关系，根据吸收值确定样品中二氧化碳浓度。

测量范围：0.05%～0.5%；最低检出体积分数：0.01%；精密度：相对标准差小于±2%。

三、仪器

不分光红外线二氧化碳气体分析仪：

（1）测量范围：0%～0.5%。

（2）重现性：≤1%满量程。

（3）零点漂移：≤±2%满量程/h。

（4）跨度漂移：≤±2%满量程/3h。

（5）温度附加误差：（在 10～45℃）≤±2%满量程/10℃。

（6）一氧化碳干扰：$1250mg/m^3CO$≤±0.3%满量程。

（7）响应时间：$t_0 \sim t_{90} < 15s$。

四、试剂和材料

（1）干燥管：充填经过 120℃干燥 2h 的变色硅胶；或充填分析纯氯化钙。

（2）吸附管：充填分析纯烧碱石棉。

（3）高纯氮气：纯度 99.999%。

（4）二氧化碳标准气体（装于铝合金钢瓶）：不确定度小于 1%。

（5）采气袋：1L 塑料铝箔复合薄膜袋。

五、测量方法

（1）仪器零点校准：开启二氧化碳气体分析仪，待 0.5～1h 仪器稳定后，将高纯氮气或空气通过干燥管和吸附管过滤后，接入仪器进气口，校准零点。

（2）终点校准：将二氧化碳标准气体接入仪器进气口，校准终点。

（3）零点和终点校准，重复 2～3 次，使仪器处在正常工作状态。

（4）现场测定：从二氧化碳气体分析仪直接读出空气中二氧化碳的浓度。

（5）实验室测定：采气袋用现场空气冲洗 3 次，采气 1L 密封进气口，带回实验室，与干燥管连接后再接入仪器进气口，读出采气袋空气中的二氧化碳浓度。

第八节　可吸入颗粒物 PM_{10}

一、基本信息

悬浮颗粒物是指悬浮在空气中的颗粒状物质（英文名：particulatematter），包括悬浮于空气中的固态和液态颗粒状物质。

《室内空气质量标准》（GB/T 18883—2002）规定了 PM_{10} 的定义：悬浮在空气中，空气动力学当量直径小于等于 $10\mu m$ 的颗粒物。

二、检测依据

《室内空气质量标准》（GB/T 18883—2002）规定，颗粒物 PM_{10} 浓度的测定，按《室内空气中可吸入颗粒物卫生标准》（GB/T 17095）用滤膜称重法测定。

《公共场所卫生检验方法　第 2 部分：化学污染物》（GB/T 18204.2—2014）第 5章推荐使用滤膜称重法和光散射法测定。滤膜称重法为仲裁方法。

第一法　滤膜称重法

一、原理依据

使用带有 PM_{10} 切割器的滤膜采样器进行空气采样，空气中的颗粒物经切割器分离后，PM_{10} 被收集在滤膜上，经过实验室称量可得到 PM_{10} 的质量，再除以采气体积求出 PM_{10} 的质量浓度。最低检出质量浓度：$0.01mg/m^3$。

二、仪器和设备

（1）可吸入颗粒物 PM_{10} 滤膜采样器，捕集特性 $D_{a50}=(10\pm0.5)\mu m$，$\sigma_g=1.5\pm0.1$。其中，D_{a50} 是捕集效率为 50% 时所对应的颗粒物空气动力学直径；σ_g 为捕集效率的几何标准差。

（2）分析天平：精度 0.00001g（十万分之一克分析天平）。

（3）恒流采样器：$\leqslant\pm5\%$ 设定值。

（4）滤膜：$0.3\mu m$ 粒子过滤效率 $\geqslant99.99\%$。

（5）温度计：最小分度值≤1.0℃，测量精度±1.0℃。

（6）大气压力计：最小分度值≤0.05kPa，测量精度±0.2kPa。

（7）计时器：计时误差<1%。

（8）流量计：精度2.5级。

（9）干燥器。

三、测量方法

（1）将滤膜编号，放入干燥器内平衡24h，用天平称出初始质量 m_1。

（2）采样前用一级皂膜流量计校准采样流量，误差不超过5%。

（3）按说明书连接采样器，装上滤膜，将采用流量调节到规定值。

（4）根据采样现场环境状况设定采样时间。

（5）记录采样现场的环境温度和大气压力。

（6）将采集有颗粒物的滤膜带回实验室，放入干燥器内平衡24h，用天平称出终质量 m_2。

四、结果计算

可吸入颗粒物 PM_{10} 质量浓度按式（1-21）计算。

$$\rho = \frac{m}{V_0} = \frac{m_2 - m_1}{V_0} \times 1000 \qquad (1\text{-}21)$$

式中　ρ——可吸入颗粒物 PM_{10} 质量浓度，mg/m^3；

　　　m——可吸入颗粒物 PM_{10} 质量，mg；

　　　V_0——标准状态下采气体积，L；

　　　m_2——滤膜终质量，mg；

　　　m_1——滤膜初质量，mg。

第二法　光散射法

一、原理依据

当光照射在空气中的悬浮颗粒物上时会产生散射光。在颗粒物性质一定的条件下，颗粒物的散射光强度与质量浓度成正比。通过测量散射光强度，应用质量浓度转换系数 K 值，求出颗粒物质量浓度。测量范围：$0.001 \sim 10mg/m^3$。

二、仪器和设备

光散射粉尘仪：颗粒物捕集特性 $D_{a50} = (10 \pm 0.5) \mu m$，$\sigma_g = 1.5 \pm 0.1$。$\sigma_g$ 为捕集效率的几何标准差。

测量灵敏度：对于校正粒子，仪器计数 $1CPM = 0.001mg/m^3$。

测量相对误差：小于 $\pm 10\%$。

测量范围：$0.001 \sim 10mg/m^3$。

三、测量方法

（1）粉尘仪使用的环境相对湿度小于90%，平均风速小于1m/s。

（2）按使用说明书操作粉尘仪。

（3）使用前的光学系统自校准。

（4）根据现场环境状况设定粉尘仪采样时间和量程。

四、结果计算

对于非质量浓度的计算值按式（1-22）转换为 PM_{10} 质量浓度。

$$\rho = R \cdot K \tag{1-22}$$

式中 ρ——PM_{10} 质量浓度，mg/m^3；

R——仪器计数值，CPM；

K——质量浓度转换系数，$mg/(m^3 \cdot CPM)$。

第九节　细颗粒物 $PM_{2.5}$

（光散射法）

一、基本信息

《环境空气质量标准》（GB 3095－2012）中对 $PM_{2.5}$ 的定义：空气中的空气动力学当量直径小于或者等于 $2.5\mu m$ 的颗粒物。

GB/T18883－2002 中没有 $PM_{2.5}$ 这项参数，但是可按《公共场所卫生检验方法第 2 部分：化学污染物》（GB/T 18204.2—2014）第 6 章推荐使用光散射法测定室内空气中细颗粒物 $PM_{2.5}$。

二、原理依据

当光照射在空气中的悬浮颗粒物上时会产生散射光。在颗粒物性质一定的条件下，颗粒物的散射光强度与质量浓度成正比。通过测量散射光强度，应用质量浓度转换系数 K 值，求出颗粒物质量浓度。

三、仪器和设备

光散射粉尘仪：颗粒物捕集特性 $D_{a50} = (2.5 \pm 0.2)\mu m$，$\sigma_g = 1.2 \pm 0.1$。其中，$D_{a50}$ 是捕集效率为 50％时所对应的颗粒物空气动力学直径；σ_g 为捕集效率的几何标准差。

测量灵敏度：对于校正粒子，仪器计数 $1CPM = 0.001mg/m^3$。

测量相对误差：小于 $\pm 10\%$。

测量范围：$0.001 \sim 0.5mg/m^3$。

四、测量方法

（1）粉尘仪使用的环境相对湿度小于 90％，平均风速小于 $1m/s$。

（2）按使用说明书操作粉尘仪。

（3）使用前的光学系统自校准。

（4）根据现场环境状况设定粉尘仪采样时间和量程。

五、结果计算

对于非质量浓度的计算值按式（1-23）转换为 $PM_{2.5}$ 质量浓度。

$$\rho = R \cdot K \tag{1-23}$$

式中　ρ——PM$_{2.5}$质量浓度，mg/m^3；

　　　　R——仪器计数值，CPM；

　　　　K——质量浓度转换系数，mg/（m^3·CPM）。

第十节　臭　　氧

一、基本信息

臭氧，化学式 O$_3$。在常温常压下，较低浓度的臭氧是无色、有毒、有刺激性腥臭气味气体。微溶于水。

室内空气中的臭氧主要来自室外的光化学烟雾。室内的电视机、复印机、激光印刷机、等离子体及电晕放电空气净化器、紫外线杀菌灯、电子消毒柜等家用电器，在使用过程中也会产生臭氧导致室内空气污染。

二、依据标准

室内空气中的臭氧浓度，依据《公共场所卫生检验方法　第 2 部分：化学污染物》（GB/T 18204.2—2014）第 12 章的规定，用紫外光度法和靛蓝二磺酸钠分光光度法测定。紫外光度法为仲裁法。

第一法　紫外光度法

一、原理依据

臭氧对 254nm 波长的紫外线具有选择性吸收。在一定范围内，吸收值与臭氧浓度呈函数关系，根据吸收值可以确定空气中的臭氧浓度。

二、仪器和设备

（1）紫外臭氧分析仪；

（2）一级紫外臭氧校准仪；

（3）臭氧发生器。

三、试验方法

在现场开启紫外臭氧分析仪，预热 1h，可用于测量空气中的臭氧浓度。

第二法　靛蓝二磺酸钠分光光度法

一、原理依据

空气中的臭氧在磷酸盐缓冲剂存在下，与吸收液中的蓝色靛蓝二磺酸钠反应，褪色生成靛红二磺酸钠，比色测定。

二、试剂溶液制备

（1）溴酸钾标准储备溶液[c(1/6KBrO$_3$)＝0.1000mol/L]：称量 1.3918g 溴酸钾（优级纯，180℃烘 2h)溶于水，移入 500mL 容量瓶，用水稀释至刻度。

（2）溴酸钾-溴化钾标准溶液[c(1/6KBrO$_3$)＝0.0100mol/L]：取 10.00mL 溴酸钾

标准储备溶液加入 100mL 容量瓶中，加入 1.0g 溴化钾(KBr)，用水稀释至刻度。

（3）硫代硫酸钠标准溶液$[c(Na_2S_2O_3) = 0.005000mol/L]$：临用现配，用硫代硫酸钠当量试剂$[c(Na_2S_2O_3) = 0.1000mol/L]$配制。

（4）硫酸溶液：$1+6(V/V)$。

（5）淀粉溶液（2.0g/L）：称取 0.20g 可溶性淀粉，用少量水调成糊状，加入 100mL 沸水，煮沸 2～3min 至溶液透明。

（6）磷酸盐缓冲溶液$[c(KH_2PO_4-Na_2HPO_4) = 0.050mol/L]$：称量 6.80g 磷酸二氢钾$(KH_2PO_4)$和 7.10g 无水磷酸氢二钠$(Na_2HPO_4)$溶于水中，稀释至 1000mL。

（7）靛蓝二磺酸钠标准储备溶液：称量 0.25g 靛蓝二磺酸钠$(C_{16}H_{18}Na_2O_8S_2$，简称 IDS），溶于水中，移入 500mL 棕色容量瓶中，用水稀释至刻度，摇匀，24h 后标定。标定后存放冰箱内可稳定一个月。

标定方法：取 20.00mL IDS 标准储备溶液（7）于 250mL 碘量瓶中，加入 20.00mL 溴酸钾-溴化钾标准溶液（2），再加入 50mL 水，盖好瓶塞，放置于$(16±1)℃$水浴或保温瓶中。溶液温度与水温平衡时，加入 5.0mL 硫酸溶液（4），立即盖好瓶塞，摇匀并且开始计时，放置于$(16±1)℃$水浴中，在暗处放置$(35±1)$min。加入 1.0g 碘化钾，立即盖好瓶塞，摇匀至完全溶解。在暗处放置 5min 后，用硫代硫酸钠标准溶液（3）滴定至红棕色刚好褪去呈现淡黄色，加入 5mL 淀粉指示剂（5），继续滴定至蓝色褪去呈现亮黄色。两次平行滴定所用硫代硫酸钠标准溶液的体积之差不得大于 0.10mL。IDS 溶液相当于臭氧的质量浓度，按式(1-24)计算。

$$\rho = \frac{c_1V_1 - c_2V_2}{V} \times 12.00 \times 1000 \tag{1-24}$$

式中　ρ——IDS 溶液相当于臭氧的质量浓度，mol/L；

　　　c_1——溴酸钾-溴化钾标准溶液的浓度，mol/L；

　　　c_2——硫代硫酸钠标准溶液的浓度，mol/L；

　　　V_1——溴酸钾-溴化钾标准溶液的体积，mL；

　　　V_2——硫代硫酸钠标准溶液的体积，mL；

　　　V——IDS 标准储备溶液的体积，mL；

　　　12.00——臭氧的摩尔质量 48/4，g/mol。

（8）IDS 标准工作溶液（1.0μg/mL）：将滴定后的 IDS 标准贮备溶液（7）用磷酸盐缓冲溶液（6）逐级稀释成每 1mL 相当于 1.0μg 臭氧的 IDS 标准工作溶液。在冰箱内存放可稳定 2 周。

（9）IDS 吸收液：取 25.00mL IDS 标准贮备溶液（7）用磷酸盐缓冲溶液（6）稀释至 1L。存放冰箱内可稳定 1 个月。

三、标准曲线制备

1. 用 IDS 标准溶液制备标准溶液系列

取 6 支 10mL 具塞比色管，按表 1-7 制备标准系列。

2. 测定

用 2cm 比色皿在波长 610nm 处，以水作参比，测定各管溶液的吸光度 A。

3. 绘制标准曲线

按本篇第一章第一节式（1-1），求出标准曲线的斜率 b、截距 a 和相关系数的 R^2 值。

表 1-7 臭氧标准系列

管号	0	1	2	3	4	5
IDS 标准工作溶液（mL）	10.00	8.00	6.00	4.00	2.00	0
磷酸盐缓冲溶液（mL）	0	2.00	4.00	6.00	8.00	10.00
臭氧含量（μg/mL）	0	0.2	0.4	0.6	0.8	1.0

四、样品采集

（1）用 2 支普通型多孔玻板吸收管串联，各管内装 10.00mL IDS 吸收液，罩上黑布套，以 0.3L/min 流量，采气 5～20L。

（2）当第一支吸收管中的吸收液明显褪色时，应立即停止采样。如不褪色，采气量应不小于 20L。记录采样点的温度和大气压力。

样品采集、运输、贮存过程中要严格避光。样品在 20℃ 以下暗处存放，一周内进行实验室分析。

五、样品检验

1. 样品测定

将采样后两支吸收管中的样品分别移入比色管中，用少量水清洗吸收管，使总体积分别为 10.00mL，按（三、2）测定吸光度。

2. 空白试验

取未采样的吸收液，作试剂空白测定。

六．结果计算

用 IDS 标准溶液制备标准曲线时，空气中臭氧浓度按式（1-25）计算。

$$\rho = \frac{(A_0 - A - a_1) \cdot V}{b_1 \cdot V_0} \tag{1-25}$$

第十一节 二氧化硫

（甲醛溶液吸收-盐酸副玫瑰苯胺分光光度法）

一、基本信息

二氧化硫，化学式 SO_2。在常温常压下，为无色透明、有刺激性臭味的有毒气体，易溶于水。

空气中的二氧化硫浓度，依据《居住区大气中二氧化硫卫生检验标准方法 甲醛溶液吸收-盐酸副玫瑰苯胺分光光度法》（GB/T 16128—1995）进行测定。

二、原理依据

空气中的 SO_2 被甲醛缓冲溶液吸收，生成稳定的羟基甲基磺酸，加入碱溶液后，与盐酸副玫瑰苯胺生成紫红色化合物，比色定量。

三、试剂溶液制备

1. 吸收液

称取 2.04g 邻苯二甲酸氢钾，0.364g EDTA-2Na 溶于水，移入 1000mL 容量瓶，加 5.30mL 37％甲醛，加水至刻度。放于冰箱可保存 1 年。临用时用水稀释 10 倍。

2. NaOH 溶液[c(NaOH)＝2mol/L]

称取 8.0g NaOH，溶于 100mL 水。

3. 氨磺酸钠溶液[0.3％(m/V％)(H_2NNaSO_3)]

称取 0.3g 氨基磺酸，3.0mL 2mol/L NaOH，用水稀释至 100mL。

4. 盐酸副玫瑰苯胺溶液[0.025％(m/V％)(PRA)]

(1) 盐酸溶液[c(HCl)＝1mol/L]：量取 86mL 浓盐酸(优级纯 ρ_{20}＝1.19g/mL)，加水至 1000mL。

(2) 磷酸溶液[c(H_3PO_4)＝4.5mol/L]：量取 307mL 浓磷酸(优级纯 ρ_{20}＝1.69g/mL)，用水稀释至 1000mL。

(3) PRA 贮备溶液(0.25％)：称取 0.125g PRA，加 1mol/L 盐酸溶液至 50mL。

(4) PRA 工作液(0.025％)：量取 25mL 0.25％PRA，放入 250mL 容量瓶，用磷酸溶液(4.5mol/L)稀至刻度，放置 24h 后使用。此液避光密封保存可使用 9 个月。

5. 二氧化硫标准溶液

用 100mg/L 有证二氧化硫标准溶液，临用现配，用吸收液稀释成 5μg/mL 的二氧化硫标准工作液，于冰箱中可保存一个月，室温可保存 3d。

四、标准曲线绘制

1. 配制标准系列

取 6 支 25mL 比色管，用 5μg/mL 二氧化硫标准溶液，按表 1-8 制备标准系列。

表 1-8　二氧化硫标准系列

管　号	0	1	2	3	4	5
标准工作液（mL）	0	0.20	1.00	2.00	3.00	4.00
吸收液（mL）	10.0	9.8	9.0	8.0	7.0	6.0
二氧化硫含量（μg）	0	1	5	10	15	20

2. 显色

各管中分别加入 1.0mL 氨磺酸钠溶液（3）、0.5mL 氢氧化钠溶液（2）和 1mL 水，充分混匀后，再用可调定量加液器将 2.5mL 盐酸副玫瑰苯胺溶液（4）快速射入混合溶液中，立即盖塞颠倒混匀，置于恒温水浴中，按表 1-8 在适当的温度和时间下进行显色。在室温下显色，可从表 1-9 中选择最接近室温的显色温度和时间。

如无可调定量加液器可采用倒加 PRA：将加入氨磺酸钠溶液、NaOH 液和水的混合溶液混匀后，再倒入预先装有 2.5mL 0.025％ PRA 溶液的另一组比色管中，立即盖塞颠倒混匀后置于恒温水浴中显色。

表 1-9 显色温度与时间

显色温度（℃）	10	15	20	25	30
显色时间（min）	40	20	15	10	5
稳定时间（min）	50	40	30	20	10

3. 测定

用 1cm 比色皿，于波长 570nm 处，以水作参比，测定吸光度 A。

4. 绘制标准曲线

按本篇第一章第一节式（1-1），求出标准曲线的斜率 b、截距 a 和相关系数的 R^2 值。

五、样品采集

1. 30～60min 样品

用普通型多孔玻板吸收管，内装 8mL 吸收液，以 0.5L/min 流量，采样 30～60min。

2. 24h 样品

用大型多孔玻板吸收管，内装 50mL 吸收液，以 0.2～0.3L/min 流量，采样 24h。

采样时吸收液温度要保持在 30℃ 以下。采样、运输、贮存过程中要避免日光直接照射样品。及时记录采样点气温和大气压力。当气温高于 30℃ 时，样品若不能当天分析，应贮于冰箱中保存。

六、样品检验

将吸收管中的样品溶液移入 25mL 色管中，用 2mL 吸收液分两次洗吸收管，合并洗液于比色管中，用水将吸收液体积补足至 10mL。放置 20min。

在每批样品测定的同时，用 10mL 未采样的吸收液作试剂空白测定，并配制一个含 10μg 的二氧化硫标准控制管，作样品分析中质量控制用。

样品溶液、试剂空白和标准控制管，按（四、2 和 3）的步骤进行显色和测定。

七、结果计算

空气中的二氧化硫质量浓度，按式（1-7）计算。

第十二节 二氧化氮

（改进的 Saltzman 法）

二氧化氮，化学式 NO_2。在室温下，二氧化氮是一种棕红色、有刺激性气味的有毒气体。微溶于水。

空气中二氧化氮的浓度，依据《居住区大气中二氧化氮检验标准方法 改进的 Saltzman 法》（GB 12372—1990）进行测定。

一、原理依据

空气中的二氧化氮，在采样吸收过程中生成的 HNO_2，与对氨基苯磺酰胺进行重氮化反应，再与 N-(1-萘基)乙二胺盐酸盐作用，生成紫红色偶氮染料，根据其颜色的深浅，比色定量。

二、试剂溶液制备

所用的试剂为分析纯，所用水均为无亚硝酸根的二次蒸馏水。

1. N-(1-萘基）乙二胺盐酸盐储备液

称取 0.45gN-(1-萘基）乙二胺盐酸盐，溶于 500mL 水中。

2. 磺胺-萘胺盐酸盐吸收液

称取 4.0g 对氨基苯磺酰胺、10g 酒石酸和 100mg EDTA-Na，溶于 400mL 热水中。冷却后，移入 1L 容量瓶中，加入 100mLN-(1-萘基）乙二胺盐酸盐贮备液，混匀后，用水稀释至刻度。存放在 25℃暗处可稳定 3 个月。如果吸收液出现淡红色，表示已被污染，应弃之重配。

3. 显色液

称取 4.0g 对氨基苯磺酰胺，10g 酒石酸，100mg EDTA-Na，溶于 400mL 热水，冷却至室温后，移入 500mL 容量瓶中，加入 90mL N-(1-萘基）乙二胺盐酸盐贮备液，混匀后，用水稀释至刻度。存放在 25℃以下暗处可稳定 3 个月。如果出现淡红色，表示已被污染，应弃之重配。

4. NO_2^- 标准溶液

用浓度为 100mg/L 的有证 NO_2^- 标准溶液，临用现配，用水稀释配制成浓度 1.00mL 含 $2.50\mu gNO_2^-$。

三、标准曲线绘制

（1）标准溶液系列。用 6 支 25mL 容量瓶，用亚硝酸钠标准工作液（4），按表 1-10 制备 NO_2^- 标准系列。

表 1-10 NO_2^- 的标准系列

管 号	0	1	2	3	4	5
标准工作液（mL）	0	0.7	1.0	3.0	5.0	7.0
NO_2^- 含量（$\mu g/mL$）	0	0.07	0.1	0.3	0.5	0.7

（2）显色。在各瓶中加入 12.5mL 显色液（3），再加水至刻度。混匀后，放置 15min。

（3）测定。用 1cm 比色皿，在波长 540～550nm 处，以水作参比，测定样品溶液的吸光度 A。

（4）绘制标准曲线。按本篇第一章第一节式（1-1），求出标准曲线的斜率 b、截距 a 和相关系数的 R^2 值。

四、样品采集

1. 短时间内采样（30min）

用多孔玻板吸收管，装入 10mL 吸收液（2），标记吸收液液面位置，以 0.4L/min 流量采气 5～25L。

2. 长时间采样（24h）

用大型多孔玻板吸收管，内装 50mL 吸收液（2），以 0.2L/min 流量，采样 288L。

采样、样品运输及存放过程中应避免阳光照射。样品溶液出现淡红色，表示已吸收了 NO_2。采样期间，可根据吸收液的颜色程度，确定是否终止采样。

五、样品检验

采样后，用水将吸收液体积补足至 10mL。放置 15min。

样品溶液用 1cm 比色皿，在波长 540～550nm 处，以水作参比，测定样品溶液的吸光度 A。若样品溶液的吸光度超过校准曲线的上限，应用吸收液稀释，再测量其吸光度。

在每批样品测定的同时，用 10mL 未采过样的吸收液作试剂空白测定吸光度 A_0。

六、结果计算

空气中的 NO_2 浓度，按式（1-27）计算。

$$\rho = \frac{(A - A_0) \cdot B \cdot V_L \cdot D}{V_0 \cdot K} \tag{1-26}$$

式中　ρ——空气中的 NO_2 浓度，mg/m^3；

　　K——$NO_2 \rightarrow NO_2^-$ 的经验转换系数，0.89；

　　A——样品溶液的吸光度；

　　A_0——试剂空白的吸光度；

　　V_L——采样用的吸收液的体积（短时间采样 10mL，24h 采样为 50mL）；

　　B——计算因子 $B = 1/b$，$\mu g/mL \cdot$ 吸光度；

　　D——分析时样品溶液的稀释倍数。

第十三节　氡

一、基本信息

氡，元素符号 Rn，原子序数 86，氡-222（^{222}Rn）原子相对质量 222。沸点：$-61.8℃$。在常温常压下，氡为无色、无臭、无味的惰性气体，放射性元素，略溶于水。

氡对人类而言是致癌物质，可引发肺癌。

二、依据标准

《室内空气质量标准》（GB/T 18883—2002）附录 A.6 中规定，室内外及地下场所等空气中的氡浓度，按《空气中氡浓度的闪烁瓶测量方法》（GB/T 16147—1995）规定的闪烁瓶测量方法进行测定；或按《环境空气中氡的标准测量方法》（GB/T 14582—1993）规定的活性炭盒法、径迹蚀刻法和双滤膜法进行测定。

第一法　闪烁瓶测量方法

一、原理依据

环境氡测量仪按闪烁瓶测量方法制作，用于测定空气中的氡浓度。

二、试验方法

1. 采样点

室内、室外、地下场所，空气中氡的浓度分布是不均匀的。采样点必须有代表性，要代表待测空间的最佳采样点。

2. 开机

将环境氡测量仪放在采样点处，打开电源开关，预热15min。按"时间"键，检查日期。按"本底"键，检查仪器的"本底"和仪器的"系数"。按"预置"键，做相应置入。

3. 测量

按"连测"键，仪器即进行工作，经过"充气（10min）—测量（20min）—显示测量结果—排气（30min）"完成一个测量过程。在排气的同时，将测量结果自动存入存储器。完成一次测试需一个小时。

本测试方法对室内氡进行24h连续测量，测量结束时，取24h测试平均值，屏幕显示测量数据，此时按"打印"键即可打印数据。若要中止测量或要进行下一点测量，按"返回"键即可回到"功能选择"状态。

三、试验结果

空气中的氡浓度值，单位：Bq/m³。

第二法 活性炭盒法

一、原理依据

空气扩散进炭床内，其中的氡被活性炭吸附，同时衰变，新生的子体便沉积在活性炭内，用γ能谱仪（gamma spectrometer）测量活性炭盒的氡子体特征γ射线峰（或峰群）强度。根据特征峰面积可计算出氡浓度。

活性炭盒法是被动式采样方法，能够测量出采样期间平均氡浓度，暴露3d，探测下限可达到6Bq/m³。

二、仪器

（1）γ能谱仪：NaI（Tl）或半导体探头配多道脉冲分析器。

（2）天平：感量0.1mg，量程200g。

三、活性炭采样盒

（1）椰壳活性炭：8～16目，在120℃下烘烤5～6h。

（2）塑料或金属盒：直径6～10cm，高3～5cm。

（3）装活性炭：称取一定量烘烤后的活性炭（25.00～100.00g）装入采样盒中，并将盒的敞开面盖以滤膜封住。再称量采样盒的总质量。

（4）密封：把活性炭盒密封起来，隔绝外面空气。

四、操作程序

1. 活性炭盒布放

（1）在待测现场去掉活性炭盒密封包装，放置3～7d。

（2）将活性炭盒放置在采样点上。采样点选在居室底层通风量低的地方，门窗关闭。

（3）将活性炭盒放置在距地面 50cm 以上的桌子或架子上，敞开面朝上，其上面 20cm 内不得有其他物体。

2. 活性炭盒回收

采样终止时将活性炭盒再密封起来，迅速送回实验室。

3. 记录

采样期间应记录采样地址、开始时间和终止时间、采样点位置、温度、大气压力等内容。

五、测量

（1）采样停止 3h 后测量。

（2）再称量，以计算水分吸收量。

（3）将活性炭盒在 γ 谱仪上计数，测出氡子体特征 γ 能射线峰（或峰群）面积。测量几何条件与刻度时要一致。

六、结果计算

按式（1-28）计算氡浓度：

$$c = \frac{a \cdot n}{t_1^b \cdot e^{-\lambda \cdot t_2}} \tag{1-27}$$

式中　c——氡浓度，Bq/m^3；

$\quad a$——采样 1h 的响应系数，$Bq/m^3/$计数$/min$；

$\quad n$——特征峰（峰群）对应的净计数率，计数$/min$；

$\quad t_1$——采样时间，h；

$\quad b$——累积指数，为 0.49；

$\quad \lambda$——氡衰变常数，$7.55 \times 10^{-3}/h$；

$\quad t_2$——采样时间终点至测量开始时刻之间的时间间隔，h。

第三章 室内装饰装修材料有害物质的测定

室内装饰装修材料和家具是造成室内环境污染的主要来源，为了防止装饰装修材料和家具造成室内环境污染，保障人民群众的身体健康，制定了室内装饰装修材料有害物质限量系列测定标准（GB 18580～GB 18588）和《建筑材料放射性核素限量》（GB 6566）等10部国家强制性标准，规定了材料中有害物质释放限量和释放量的试验方法。

第一节 人造板及其制品中甲醛测定

《室内装饰装修材料 人造板及其制品中甲醛释放限量》（GB 18580—2017）规定了纤维板、刨花板、胶合板、细木工板、重组装饰材、单板层积材、集成材、饰面人造板、木质地板、木质墙板、木质门窗等室内装饰装修用各种类人造板及其制品中甲醛释放量限量值为0.124mg/m³，限量标识 E_1，并规定了以气候箱法作为试验方法。

GB 18580—2017 中附录 A.1 气体分析法、附录 A.2 干燥器法、附录 A.3 穿孔萃取法，均为用于生产质量控制甲醛释放量的试验方法。

第一法 气候箱法

一、原理依据

将1m²表面积的样品放入温度、相对湿度、空气流速和空气置换率控制在一定值的气候箱内。甲醛从样品中释放出来，与箱内空气混合，定期抽取箱内空气，将抽出的空气通过盛有蒸馏水的吸收瓶，空气中的甲醛全部溶入水中，用乙酰丙酮分光光度法测定吸收液中的甲醛量；由抽取的空气体积，计算出空气中的甲醛浓度，以毫克每立方米（mg/m³）表示。抽气是周期性的，直到气候箱内的空气中甲醛浓度达到稳定状态为止。

二、仪器和设备

1. 气候箱

容积为1m³（无负荷时箱内总的容积），箱体内表面应为惰性材料，不吸附、不释放甲醛。箱内应有空气循环系统以维持箱内空气充分混合及试样表面的空气速度为0.1～0.3m/s。箱体上设有调节空气流量的空气入口和空气出口装置。进入箱内空气的甲醛质量浓度不应超过0.006mg/m³。

2. 空气抽样系统

空气抽样系统包括：抽样管（如硅胶管）、两个100mL吸收瓶、硅胶干燥器、气体抽样泵、气体流量计、气体计量表（配有温度计）。

三、试件

试件尺寸：长 $l=(500\pm5)$ mm，宽 $b=(500\pm5)$ mm，数量 2 块，试样表面积为 1m²。

四、试验方法

按《人造板及饰面人造板理化性能试验方法》（GB/T 17657—2013）4.60 中规定的气候箱法测定。

1. 试验条件

在试验全过程中，气候箱内保持下列条件：

温度：(23 ± 0.5)℃；

相对湿度：$(50\pm3)\%$；

承载率：(1.0 ± 0.02)m²/m³；

空气置换率：(1.0 ± 0.05)/h；

试样表面空气流速：0.1～0.3m/s。

2. 试件放置

试样在气候箱的中心垂直放置，表面与空气流动方向平行。试件之间距离应不小于 200mm。

3. 空气取样

先将空气抽样系统与气候箱的空气出口相连接。在 2 个 100mL 吸收瓶中各加入 25mL 蒸馏水，串联在一起。开动抽气泵，抽气速度控制在 2L/min 左右，每次至少抽取 120L 空气。取样时记录检测室温度。

4. 采样体积

按本篇第一章第一节式（1-5）和式（1-6）换算成标准状态下的采样体积 V_0。

五、分析方法

甲醛质量浓度的测定，按《乙酰丙酮分光光度法》进行测定。

六、判定规则

测量结果符合甲醛释放限量值 0.124mg/m³ 的规定时，判定为合格。

第二法　9～11L 干燥器法

一、原理依据

测定胶合板、装饰面板、贴面胶合板、细木工板等甲醛释放量，在干燥器内，用水吸收试件释放出来的甲醛。然后用乙酰丙酮分光光度法测定水溶液中甲醛的浓度。

二、甲醛收集

将盛有 300mL 蒸馏水的结晶皿放置于干燥器底部，将夹有 10 块试件（呈辐射型排布，互不接触）的金属支架放置在干燥器的上部，盖好干燥器盖。在 (20 ± 2)℃下放置 24h。蒸馏水吸收从试件释放出的甲醛，此溶液为待测样品液。

三、分析方法

甲醛浓度的分析测定，用乙酰丙酮分光光度法进行分析测定。

第二节　建筑材料放射性核素的测定

一、依据标准

在《建筑材料放射性核素限量》（GB 6566—2010）中规定了建筑主体材料和装饰装修材料中天然放射性核素放射性比活度的限量，以及材料适用场所。

放射性比活度是指物质中某种核素放射性活度与该物质的质量之比值，按式(1-28)计算。

$$C = \frac{A}{m} \tag{1-28}$$

式中　C——放射性比活度，Bq/kg；

　　　A——核素放射性活度，Bq；

　　　m——物质的质量，kg。

1. 建筑主体材料

(1) 建筑主体材料中天然放射性核素镭-226、钍-232、钾-40放射性比活度应同时满足内照射指数 $I_{Ra} \leq 1.0$ 和外照射指数 $I_r \leq 1.0$。

内照射指数（I_{Ra}）为建筑材料中天然放射性核素镭-226的放射性比活度与 GB 6566 标准中规定的限量值之比值。

外照射指数（I_r）为建筑材料中天然放射性核素镭-226、钍-232、钾-40的放射性比活度分别与各单独存在时 GB 6566 标准中规定的限量值之比值的和。

(2) 空心率大于25%的建筑主体材料中天然放射性核素镭-226、钍-232、钾-40放射性比活度应同时满足 $I_{Ra} \leq 1.0$ 和 $I_r \leq 1.3$。

2. 装饰装修材料

(1) A 类装饰装修材料

装饰装修材料中天然放射性核素镭-226、钍-232、钾-40放射性比活度同时满足内照射指数 $I_{Ra} \leq 1.0$ 和外照射指数 $I_r \leq 1.3$ 的要求。A 类材料产销和使用不受限制。

(2) B 类装饰装修材料

不满足 A 类材料要求但同时满足 $I_{Ra} \leq 1.3$ 和 $I_r \leq 1.9$ 的要求。B 类材料不可用于 I 类民用建筑物的内饰面，但可用于 II 类民用建筑物、工业建筑内饰面和其他一切建筑的外饰面。

(3) C 类装饰装修材料

不满足 A、B 类材料要求但满足 $I_r \leq 2.8$ 的要求。C 类装修材料只可用于建筑物的外饰面及室外其他用途。

二、仪器

(1) 低本底多道 γ 能谱仪。

(2) 天平：感量 0.1g。

三、试样

1. 取样

随机抽取样品两份，每份不少于≥2kg，一份封存，另一份作为检验样品。

2. 试样制备

将样品破碎至粒径≤0.16mm，将其放入与标准样品几何形态一致的样品盒中，称量（精确至0.1g）、密封、待测。

四、测量

当试样中天然放射性衰变链基本达到平衡后，在与标准样品测量条件相同下，采用低本底多道γ能谱仪，测量天然放射性核素镭-226、钍-232、钾-40的放射性比活度。

五、结果计算

1. 内照射指数

内照射指数（I_{Ra}），按式（1-29）计算。

$$I_{Ra} = \frac{C_{Ra}}{200} \tag{1-29}$$

式中　I_{Ra}——内照射指数；

　　　C_{Ra}——建筑材料中天然放射性核素镭-226的放射性比活度，Bq/kg；

　　　200——仅考虑内照射情况下，本标准中规定的建筑材料中天然放射性核素镭-226的放射性比活度限量，Bq/kg。

2. 外照射指数

外照射指数（I_r），按式（1-30）计算。

$$I_r = \frac{C_{Ra}}{370} + \frac{C_{Th}}{260} + \frac{C_K}{4200} \tag{1-30}$$

式中　　　　　I_r——外照射指数；

　C_{Ra}、C_{Th}、C_K——建筑材料中天然放射性核素镭-226、钍-232、钾-40的放射性比活度，Bq/kg；

　370、260、4200——仅考虑外照射情况下，本标准中规定的建筑材料中天然放射性核素镭-226、钍-232、钾-40在其各自单独存在时本标准中规定的限量，Bq/kg。

第二篇

室内环境空气质量生物检测技术

第一章 空气微生物污染与采样技术

第一节 室内空气微生物污染

空气生物污染物是指室内空气中的细菌、真菌和病毒等。由于细菌、真菌和病毒等个体微小，通常也称为微生物。存在于空气中的细菌、真菌和病毒微生物，称为空气微生物。

室内空气微生物浓度的测定，用空气微生物采样器采样，经培养、计数，以 CFU/m³表示。

空气微生物是以气溶胶形式存在于空气中而造成空气污染。空气中悬浮的带有微生物的尘埃、颗粒物或液体小滴，又称为生物气溶胶。

国内外大量的调查研究证实，在住宅、办公室和学校室内细菌、真菌和病毒等微生物污染空气，人们接触空气微生物可引发各种中毒、感染和过敏疾病等，甚至危及生命，已成为目前重要的公共环境卫生问题。

一、细菌种类及分布

细菌是一类形状细短，结构简单的原核细胞型微生物。

细菌种类繁多，种类有数万种。按形状分类主要有三类：球菌、杆菌、螺旋菌。球菌与杆菌直径一般在 $0.5\sim1\mu m$ 之间。

细菌是大自然物质循环的主要参与者，在自然界分布最广，几乎无所不在，广泛分布于空气、土壤和水中，或与其他生物共生。在人类呼吸的空气中，喝的水中，吃的食物中都会找到细菌的踪迹。

人体也是大量细菌的栖息地，人的皮肤就带有相当多的细菌。人们活动时，就会有大量微生物离开人体散发到空气中污染室内空气。

二、细菌污染状况

细菌，只要室内环境条件适宜，在潮湿、温度合适、有食物的地方就会滋生繁殖和生长，成为室内空气潜在污染源。

在一般居住环境中，室内空气中的细菌种类，通常也有数十种至数百种之多。在住宅、办公室、医院和学校内，在通常的环境条件下，室内空气中的细菌在 $10^2\sim10^5 CFU/m^3$ 范围内。

在家庭里的废物处理设备中，细菌和真菌容易滋生繁殖，其上方空气中细菌浓度高达 $10^5 CFU/m^3$。

三、真菌种类

真菌具有细胞核和完整的细胞器，是真核细胞型微生物。真菌种类已经发现 7 万多种。最常见的真菌包括霉菌、酵母菌和蕈菌。

霉菌种类很多，有曲霉菌和青霉菌等，可引起人与动植物的生病。霉菌常为丝状和多细胞有机体真菌。真菌大小在 $3\sim100\mu m$ 之间，真菌孢子粒径在 $1\sim5\mu m$ 之间。当真菌生长成熟时，其释放出的孢子会污染室内空气。

四、真菌污染状况

真菌和放线菌孢子在空气中几乎总是存在，在一般住宅、办公室、医院和学校内，在通常的环境条件下，空气中的真菌在 $10^2\sim10^5 CFU/m^3$ 之间。

在厨房、浴室和卫生间内潮湿、结露的地方或受水损害的地方，容易滋生细菌和真菌等微生物，成为室内空气微生物潜在污染源。受污染的内墙表面的真菌菌落数可超过 $10^6 CFU/100cm^2$。

五、病毒种类

病毒是一类由一个核酸分子（DNA 或 RNA）与蛋白质构成的，必须在活细胞内寄生并以复制方式增殖的非细胞型微生物，属于原生微生物。多数病毒的直径在 $20\sim200nm$ 之间。

六、病毒污染状况

病毒在自然界分布广泛，存在于土壤、水、空气和生物体中，可感染细菌、真菌、植物、动物和人，常引起宿主发病。但在许多情况下，病毒也可与宿主共存而不引起明显的疾病。

第二节　空气微生物采样器

室内环境空气微生物检验，一般需要使用微生物采样器采集空气样品。空气微生物采样器种类较多。按收集介质分为三种：将空气微生物收集在溶液中、琼脂上、滤膜上。按采样原理大致可分为：过滤式、撞击式、离心式和液体冲击式。

空气微生物的分析方法分为两类：培养方法和非培养直接计数方法。

一、滤膜采样器

滤膜过滤式空气微生物采样器，是将空气微生物收集在滤纸或滤膜表面上的采样器，能够测定所有的空气微生物，包括活的和死的微生物。采样灵敏度高，采样效率高，接近 100%，不容易发生超载现象。

单级过滤式空气采样器，结构比较简单，由过滤采样夹、滤料和采样泵组成。

采样完毕，收集在滤膜上的微生物样品，采用非培养方法分析，或将滤膜取下直接放在培养基上培养，计数菌落数，求出每立方米空气中的菌落数，以"CFU/m^3"报告结果，表示空气中带菌粒子的浓度；将微生物洗脱下来悬浮于液体中，微生物是以单个细胞分散存在于溶液中，求出每立方米空气中的菌落数，以"CFU/m^3"报告结果，实际上表示空气中带菌细胞的浓度。

二、液体采样器

液体采样器是将空气微生物收集在溶液中的采样器。

将空气微生物收集于液体中，微生物是以单个细胞分散存在于溶液中。经过将微生物接种平板后培养、计数，测定活的可经过培养能够繁殖的空气微生物，求出每立方米空气中的菌落数，以"CFU/m³"报告结果，实际上表示空气中带菌细胞的浓度。

AGI-30 全玻璃三级冲击采样器，如图 2-1 所示，第一、第二级收集效率 50％ 的动力学切割粒径（D_{50}）分别为 6μm 和 3.3μm（密度 1.5），小于 3μm 微粒收集在第三级的液体中。采样流量 12.5L/min。采样时，空气微生物被吸引进入采样器后，依照粒径大小被筛分开进入一、二、三级的收集液中。

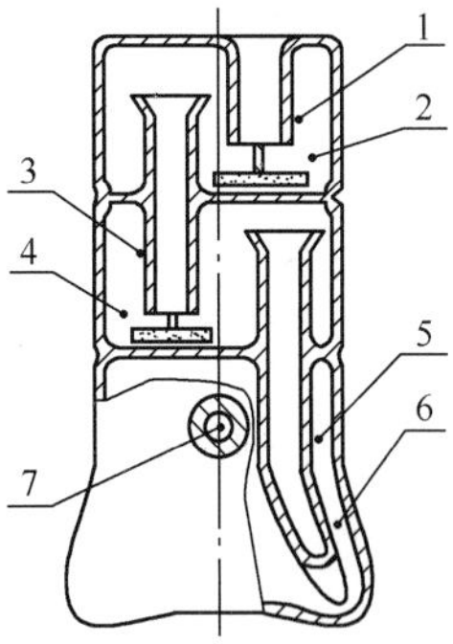

三、撞击式采样器

撞击式微生物采样器是指将空气微生物收集于半固态的营养琼脂培养基表面上，采样后可直接培养、计数，测定出空气中微生物菌落数（CFU/m³）的采样器。

将空气微生物收集在半固态的营养培养基上的采样器，有安德森采样器、恒流撞击式采样器、缝隙式采样器和离心式采样器。

图 2-1 AGI-30 全玻璃
三级冲击采样器

1，3，5—喷嘴；2—第一级；
4—第二级；6—第三级；
7—气流出口

1. 安德森采样器

安德森采样器是一种多孔撞击式空气微生物采样器，有六级、二级和一级采样器。其原理是直接将空气微生物收集于半固态的营养琼脂表面上，采样后直接培养、计数，测定出空气中微生物菌落数（CFU/m³）。使用 100mm×15mm 玻璃标准培养皿。收集效率≥95％。

二级安德森采样器设有空气采样流量自动控制装置。当所用的真空泵的采样负压≥0.047MPa（≥356mmHg）时，采样流量达 28.3L/min，不需使用调节阀门和流量计等部件，一般情况下不需要校准，从而提高了采样结果的可靠性。

该法适用于室内外环境空气微生物污染调查研究和例行采样，如医院、生物洁净室和工业中微生物污染的检测和评价。

2. 恒流撞击式采样器

依据微粒惯性撞击原理，将空气中携带的活细菌和真菌的粒子采集在半固态的营养培养基上，培养后计数，用微生物菌落数（CFU/m³）报告结果。恒流空气采样器具有恒流流量控制系统，流量 30L/min。

第一级对单位密度球状微粒采样效率 50％ 的切割直径（D_{50}）为（8.0±1）μm，第二级采集≥0.8μm 微粒，采样效率≥95％。

3. 缝隙式采样器

依据微粒惯性撞击原理，采样时，抽风机吸入的空气通过缝隙，获得足够大惯性的粒子而做惯性运动，离开气流撞击在其下方缓缓转动的营养琼脂培养基表面上。取出平板，将样品培养后计数菌落数，然后计算出每立方米空气中的菌落数，以"CFU/m³"报告结果。

4. 离心式采样器

离心式采样器由采样器头、电源和时间控制器组成。采样器头部没有分隔开的进气口和出气口，采样气流和流出气流同用一个通道。采样器用干电池作为动力源，驱动采样头内的叶片转动吸入空气，空气中带菌微粒借助叶片转动所产生的离心作用，撞击在圆筒内壁的营养琼脂培养基条表面上，然后取下培养基条，培养后计数细菌菌落数。

空气采样流量不能测定，厂商报道流量标称值为 40L/min。收集空气中携带活细菌和真菌的小于 $2\mu m$ 粒子采样效率非常低。

第二章 空气微生物检测技术

第一节 空气微生物检测要求

一、采样器选用原则

1. 采样目的

仅要求测定空气中的细菌总数，选用哪一种采样器都可以满足采样要求；如果要求测定所有的空气微生物粒子，选用滤膜采样器最适宜；如果需要了解空气中携带微生物的微粒粒度大小的分布状态，选用多级采样器；如果微生物浓度很高或测定病毒，选用液体采样器。

2. 环境类型

依据空气微生物的种类和污染程度选用采样器，如果空气微生物污染严重时，为了防止超载现象，最好选用不会发生超载的滤膜采样器或液体采样器采样。

3. 采样器性能

采样器的采样效率应大于等于 95%。将空气微生物收集在半固态的营养培养基上的撞击式采样器，采样浓度一般不应超过 $10^5 CFU/m^3$，否则会发生超载现象。

在实际采样应用中，不能确切预知空气微生物的种类和浓度的情况下，可考虑用多种采样器及多种分析方法联合测定。

二、培养计数方法

培养计数方法是将采集到的活的空气微生物，在半固态的营养培养基上经过培养繁殖生成菌落，用目视鉴别和计数，结果用"菌落数"（CFU）表示。

用培养计数方法分析样品，必须根据采样目的和空气环境类型，选择适当的采样时间，使每一个样品都收集到足够的带菌粒子，以保证采样结果在统计学上具有显著性和代表性。

培养计数方法只能测定经过培养能够繁殖的微生物。在选定的培养条件下，可培养的微生物仅是选定培养那部分活的微生物，而不是全部活的微生物都能够培养生长成菌落。

培养计数方法的影响因素：微生物的活性、培养介质、培养条件（尤其温度），以及不同微生物（特别是挤满平板时）之间的相互作用。

计数准确度的影响因素：主要是平板上菌落的大小和平板上菌落表面密度。因为靠近的菌落会生长连在一起。在标准平板上，范围在 30～300CFU 之间比较合适。菌落数太少不具有代表性，缺乏统计学意义；菌落数太多，计数困难。

三、非培养直接计数方法

非培养直接计数方法是采样后的样品不经过培养就可进行微生物鉴别和计数的

方法，不要求微生物能否培养，所有的微生物粒子，凡是致病的全部微生物粒子都应该计数。因此，直接计数方法测定出来的微生物数量往往比培养计数方法的高得多。

目前使用的几种直接计数方法，如光学显微镜、荧光显微镜、扫描电子显微镜和流通式血球计的方法。用解剖显微镜计数，在六级安德森采样器收集到高至 40000～50000CFU 范围内仍可计数。非培养直接计数方法中，扫描电子显微镜比光学显微镜的分辨率高，计数准确，但是设备昂贵。

第二节　空气细菌总数的测定

《室内空气质量标准》（GB/T 18883—2002）附录 D 规定了室内空气中菌落总数检测方法。《公共场所卫生检验方法　第 3 部分：空气微生物》（GB/T 18204.3—2013）规定了公共场所细菌总数的测定方法。GB/T 18883 和 GB/T 18204.3 规定室内空气中采集的微生物样品，采用培养计数方法测定菌落总数。

室内细菌总数是指室内空气中采集的样品，计数在营养琼脂培养基上经 35～37℃、48h 培养所生长发育的嗜中温性需氧和兼性厌氧菌落的总数。

第一法　室内空气中菌落总数检测方法

（摘自 GB/T 18883 附录 D）

一、原理

撞击法（impacting method）是采用撞击式空气微生物采样器采样，通过抽气动力作用，使空气通过狭缝或小孔而产生高速气流，使悬浮在空气中的带菌粒子撞击到营养琼脂平板上，经 37℃、48h 培养后，计算出每立方米空气中所含的细菌菌落数的采样测定方法。

二、仪器和设备

（1）高压蒸汽灭菌器；干热灭菌器；恒温培养箱；冰箱；平皿。

（2）制备培养基用一般设备：量筒、三角烧瓶，pH 计或精密 pH 试纸等。

（3）撞击式空气微生物采样器。

三、营养琼脂培养基

1. 成分

蛋白胨 20g；牛肉浸膏 3g；氯化钠 5g；琼脂 15～20g；蒸馏水 1000mL。

2. 制法

将上述各成分混合，加热溶解，校正 pH 值至 7.4，过滤分装，121℃、20min 高压灭菌。营养琼脂平板的制备参照采样器使用说明。

四、操作步骤

1. 采样

（1）采样布点要求，详见第一篇第一章第二节的规定。

（2）将采样器消毒，按仪器使用说明进行采样。一般情况下采样量为 30～150L，应根据所用仪器性能和室内空气微生物污染程度，酌情增加或减少空气采样量。

2. 培养计数

样品采完后，将带菌营养琼脂平板置于（36±1）℃恒温箱中，培养 48h，计数菌落数，并根据采样器的流量和采样时间，换算成每立方米空气中的菌落数，以 CFU/m³ 报告结果。

第二法　撞击法测定细菌总数

（摘自 GB/T 18204.3）

一、撞击法原理

室内空气中细菌总数使用撞击法（impacting method）测定。撞击法是指采用撞击式空气微生物采样器，通过抽气动力作用，使空气通过缝隙或小孔产生高速气流，从而将悬浮在空气中的微生物采集到营养琼脂平板上，经实验室培养后得到菌落数的测定方法。

二、仪器和设备

（1）高压蒸汽灭菌器；（2）干热灭菌器；（3）恒温培养箱；（4）平皿 φ90mm；（5）撞击式空气微生物采样器。

三、培养基

1. 营养琼脂培养基成分

蛋白胨 10g；牛肉浸膏 5g；氯化钠 5g；琼脂 20g；蒸馏水 1000mL。

2. 平板制备方法

将蛋白胨、牛肉浸膏、氯化钠溶于蒸馏水中，校正 pH 值为 7.2～7.6，加入琼脂，121℃、20min 高压灭菌备用。

四、空气采样

1. 撞击法采样布点要求

（1）采样点数量

室内面积小于 50m² 设置 1 个采样点；50～200m² 设置 2 个采样点；200m² 以上设置 3～5 个采样点。

采样点按均匀布点原则布置，室内 1 个采样点设置在房间中央；2 个采样点设置在室内对称点上；3 个采样点设置在室内对角线四等分的 3 个等分点上；5 个采样点按梅花式均匀分布布点；其他按均匀布点原则布点。

（2）采样点位置

采样点应避开通风口、通风道等，距离墙壁应不小于 1m。

（3）采样点高度

采样点距离地面高度应在 1.2～1.5m 之间。

2. 采样环境条件

关闭门窗 15～30min，记录室内人员数量、温度、湿度和天气状况等。

3. 采样方法

采样流量 30L/min，采样时间≤15min。具体应该根据室内空气微生物污染程度、采样目的和采样器性能，酌情增加或减少空气采样量。但是每个样品都应该保证收集到足够的携有活细菌的粒子，在统计学上才有显著性和代表性。采样时间不宜过长，否则会因营养琼脂平板上的水分损失而影响细菌活性。

4. 现场记录

记录采样时间、采样地点、环境温度和大气压力。

五、检验步骤

将采集细菌后的营养琼脂平皿置于（36±1）℃培养 48h，记录菌落数。

六、结果报告

（1）采样点细菌总数结果计算：菌落计数，记录结果，并将采样体积换算成标准状态下的采样体积，将菌落数除以采样体积计算出 CFU/m^3（每 $1m^3$ 空气中菌落形成单位）。

（2）一个区域空气中细菌总数的测定结果：按该区域全部采样点中细菌总数测定值中的最大值表达。

第三法　自然沉降法测定细菌总数

一、仪器和设备

（1）平皿：$\phi 90mm$；

（2）采样支架。

二、培养基

按第二法三中规定的方法制备。

三、自然沉降法采样布点要求

1. 采样点数量

室内面积小于 $50m^2$ 设置 3 个采样点；$50m^2$ 以上设置 5 个采样点。

采样点按均匀布点原则布置，室内 3 个采样点设置在室内对角线四等分的 3 个等分点上；5 个采样点按梅花式布点。

2. 采样点位置

采样点应避开通风口、通风道等，距离墙壁应不小于 1m。

3. 采样点高度

采样点距离地面高度应在 1.2～1.5m 之间。

四、采样和培养

将营养琼脂平板放置于采样点处，打开皿盖，暴露 5min。在 （36±1）℃下培养 48h 后计数菌落数。

五、结果报告

计算每一块平板上的菌落数，求出全部采样点的平均菌落数，测量结果以每平皿 （CFU/皿）表达。

第三节　空气真菌总数的测定

（摘自 GB/T 18204.3）

第一法　撞击法

真菌总数是指空气中采集的样品，计数在沙氏琼脂培养基上经 28℃、5d 培养所形成的菌落数。

一、原理

用撞击法和自然沉降法采样、沙氏琼脂培养基培养计数的方法测定空气中的真菌总数。

二、仪器与设备

真菌撞击法使用的仪器设备、采样方法和结果报告，与细菌撞击法相一致，但是在培养基成分及其制备方法、培养方法上有区别。

三、培养基

1. 沙氏琼脂培养基成分

蛋白胨 10g；葡萄糖 40g；琼脂 20g；蒸馏水 1000mL。

2. 制备方法

将蛋白胨和葡萄糖溶于蒸馏水中，校正至 pH 值 5.5～6.0，加入琼脂，115℃、15min 灭菌备用。

四、采样布点要求

采样布点按本章第二节第二法撞击法采样布点要求布点。

五、培养和计数

采样后，沙氏琼脂培养基平皿在 28℃下培养，逐日观察并于第 5 天记录结果。如果真菌数量过多，可于第 3 天计数结果，并记录培养时间。

第二法　自然沉降法

（1）真菌培养基和培养计算按本节第一法撞击法进行。

（2）采样和结果报告按本章第二节第三法自然沉降法进行。

第三篇

公共场所卫生
检测技术

第一章 卫生检测法律依据

第一节 卫生管理条例

国务院发布的《公共场所卫生管理条例》（简称《条例》），是我国第一部室内空气质量的法规，清晰地阐明了条例的宗旨是为创造良好的公共场所卫生条件，预防疾病，保障人体健康。《条例》规定了适用的场所、检测的项目，以及卫生管理、卫生监督的措施。《公共场所卫生管理条例》是在中国境内开展公共场所卫生检验工作的法律依据。

一、适用场所

公共场所卫生管理条例适用于下列公共场所：

（1）宾馆、饭馆、旅店、招待所、车马店、咖啡馆、酒吧、茶座；

（2）公共浴室、理发店、美容店；

（3）影剧院、录像厅（室）、游艺厅（室）、舞厅、音乐厅；

（4）体育场（馆）、游泳场（馆）、公园；

（5）展览馆、博物馆、美术馆、图书馆；

（6）商场（店）、书店；

（7）候诊室、候车（机、船）室、公共交通工具。

二、检测项目

公共场所的下列项目应符合国家卫生标准和要求：

（1）空气、微小气候（湿度、温度、风速）；

（2）水质；

（3）采光、照明；

（4）噪声；

（5）顾客用具和卫生设施。

三、卫生许可证

国家对公共场所以及新建、改建、扩建的公共场所的选址和设计实行"卫生许可证"制度。

"卫生许可证"由县级以上卫生行政部门签发。

第二节 《条例》实施细则

卫生部发布《公共场所卫生管理条例实施细则》规定基本原则、卫生管理、卫生监督和法律责任。公共场所经营者在经营活动中，应当遵守有关卫生法律、行政法规和部门规章以及相关的卫生标准、规范，并规定卫生部主管全国公共场所卫生监督管理工作。

一、卫生管理

（1）公共场所经营者应当建立健全卫生管理制度和卫生管理档案，专人管理，分类记录，至少保存两年。内容包括：

① 卫生管理部门、人员设置情况及卫生管理制度；

② 空气、微小气候（湿度、温度、风速）、水质、采光、照明、噪声的检测情况；

③ 顾客用品用具的清洗、消毒、更换及检测情况；

④ 卫生设施的使用、维护、检查情况；

⑤ 集中空调通风系统的清洗、消毒情况；

⑥ 安排从业人员健康检查情况和培训考核情况；

⑦ 公共卫生用品进货索证管理情况；

⑧ 公共场所危害健康事故应急预案或者方案；

⑨ 省、自治区、直辖市卫生行政部门要求记录的其他情况。

（2）室内空气质量、生活饮用水、游泳场（馆）和公共浴室水质、采光照明、噪声应符合国家卫生标准和要求。

（3）供顾客使用的用品用具应当保证卫生安全，可以反复使用的用品用具应当一客一换，按照有关卫生标准和要求清洗、消毒、保洁。禁止重复使用一次性用品用具。

（4）公共场所的选址、设计、装修应当符合国家相关标准和规范的要求。

室内装饰装修期间不得营业。局部装饰装修，应保证营业的非装饰装修区域室内空气质量合格。

（5）经营者应当按照卫生标准、规范的要求对公共场所的空气、微小气候、水质、采光、照明、噪声、顾客用品用具等进行卫生检测，检测频率每年不得少于一次；检测结果不符合卫生标准、规范要求的应当及时整改。

经营者不具备检测能力的，可以委托检测。

经营者应当在醒目位置如实公示检测结果。

二、卫生监督

（1）国家对公共场所实行卫生许可证管理。

（2）县级以上地方人民政府卫生行政部门对公共场所进行监督检查，采取现场卫生监测、采样、查阅和复制文件、询问等方法，有关单位和个人不得拒绝或隐瞒。

三、法律责任

公共场所经营者未按照规定进行卫生检测的，视情节严重程度，给予警告，处以罚款，或依法责令停业整顿，直至吊销卫生许可证。

第二章 卫生检测项目和标准值

第一节 旅 店

一、依据标准

旅店的空气质量、噪声、照度和公共用品消毒等标准值，依据《旅店业卫生标准》（GB 9663—1996）的规定。

本标准适用于各类旅店（不包括车马店）客房。

二、检测项目

（1）物理参数：相对湿度、温度、风速、新风量、噪声、照度。

（2）化学参数：二氧化碳、一氧化碳、甲醛、PM_{10}。

（3）生物参数：空气细菌总数。用撞击法和沉降法测定。

（4）顾客用具和卫生设施的清洗消毒效果（细菌总数、大肠菌群、致病菌）：

① 茶具。

② 毛巾和床上卧具：毛巾、被套、枕套（巾）、床单等卧具。

③ 客房内卫生间的洗漱池、脸（脚）盆、浴盆、座垫、拖鞋和抽水马桶。

三、检测方法

（1）物理参数检测方法，详见第三篇第三章第一节。

（2）化学参数检测方法，详见第三篇第三章第二节。

（3）生物参数检测方法，详见第三篇第三章第二节。

四、判定

1. 旅店客房内的公共用品消毒和空气质量、噪声、照度等检验结果，应符合表 3-1 和表 3-2 的卫生标准值的要求。

表 3-1 公共用品清洗消毒判定标准

项　目	细菌总数	大肠菌群（个/50cm²）	致病菌（个/50cm²）
茶具	<5CFU/mL	不得检出	不得检出
毛巾和床上卧具	<200CFU/25cm²	不得检出	不得检出
脸（脚）盆、浴盆、座垫、拖鞋	—	—	不得检出

表 3-2 旅店客房卫生标准值

项　目		3～5 星级饭店、宾馆	1～2 星级饭店、宾馆和非星级带空调的饭店、宾馆	普通旅店、招待所
温度（℃）	冬季	≥20	>20	≥16（采暖地区）
	夏季	<26	<28	—

61

续表

项　目		3～5 星级 饭店、宾馆	1～2 星级饭店、宾馆和 非星级带空调的饭店、宾馆	普通旅店、招待所
相对湿度（%）		40～65	—	—
风速（m/s）		≤0.3	≤0.3	—
二氧化碳（%）		≤0.07	≤0.10	≤0.10
一氧化碳（mg/m^3）		≤5	≤5	≤10
甲醛（mg/m^3）		≤0.12	≤0.12	≤0.12
可吸入颗粒物（mg/m^3）		≤0.15	≤0.15	≤0.20
空气细菌 总数	撞击法（CFU/m^3）	≤1000	≤1500	≤2500
	沉降法（个/皿）	≤10	≤10	≤30
台面照度（lx）		≥100	≥100	≥100
噪声［dB（A）］		≤45	≤55	—
新风量［$m^3/(h·人)$］		≥30	≥20	—
床位占地面积（$m^2/人$）		≥7	≥7	≥4

2. 公共用品清洗消毒效果，应符合表 3-2 的判定标准值的要求。

（1）旅店内自备水源与二次供水水质应符合《生活饮用水卫生标准》（GB 5749—2006）的规定。

（2）旅店内附设的理发店、娱乐场所、浴室等应执行相应的卫生标准。

（3）地下室旅店的空气质量、噪声、照度和卫生要求等执行《人防工程平时使用环境卫生标准》（GB/T 17216—2012）的规定。

第二节　文艺娱乐场所

一、依据标准

《文化娱乐场所卫生标准》（GB 9664—1996）规定了文化娱乐场所的微小气候、空气质量、噪声、通风等卫生标准值及其卫生要求。

本标准适用于影剧院（俱乐部）、音乐厅、录像厅（室）、游艺厅、舞厅（包括卡拉OK 歌厅）、酒吧、茶座、咖啡厅及多功能文化娱乐场所等。

二、检测项目

（1）物理参数：温度、相对湿度、风速、新风量、噪声。

（2）化学参数：二氧化碳、一氧化碳、甲醛、PM_{10}。

（3）生物参数：空气细菌总数。

三、检测方法

（1）物理参数检测方法，详见第三篇第三章第一节。

（2）化学参数检测方法，详见第三篇第三章第二节。

（3）生物参数检测方法，详见第三篇第三章第二节。

四、结果判定

文化娱乐场所内物理、化学、生物参数检验结果，应符合表 3-3 的卫生标准值的要求。

表 3-3　文化娱乐场所卫生标准值

项　目		影剧院、音乐厅、录像厅（室）	游艺厅、舞厅	酒吧、茶座、咖啡厅
温度（℃）有空调装置	冬季	＞18	＞18	＞18
	夏季	≤28	≤28	≤28
相对湿度（%）有中央空调装置		40～65	40～65	40～65
风速（m/s）有空调装置		≤0.3	≤0.3	≤0.3
二氧化碳（%）		≤0.15	≤0.15	≤0.15
一氧化碳（mg/m³）		—	—	≤10
甲醛（mg/m³）		≤0.12	≤0.12	≤0.12
可吸入颗粒物（mg/m³）		≤0.20	≤0.20	≤0.20
空气细菌数	撞击法（CFU/m³）	≤4000	≤4000	≤2500
	沉降法（个/皿）	≤40	≤40	≤30
动态噪声［dB（A）］		≤85	≤85（迪斯科舞≤95）	≤55
新风量［m³/（h·人）］		≥20	≥30	≥10

第三节　公共浴室

一、依据标准

《公共浴室卫生标准》（GB 9665—1996）规定了公共浴室的室温、空气质量和水温等卫生标准值及其卫生要求。

本标准适用于各类公共浴室。

二、检测项目

（1）物理参数：室内温度、照度。

（2）化学参数：二氧化碳、一氧化碳。

（3）水质参数：水温、浴池水浊度。

三、检测方法

（1）物理参数检测方法，详见第三篇第三章第一节。

（2）化学参数检测方法，详见第三篇第三章第二节。

四、结果判定

公共浴室内空气质量、室温和水温，应符合表 3-4 卫生标准值的要求。

表 3-4 公共浴室卫生标准值

项 目	更衣室	溶室（淋、池、盆浴）	桑拿浴室
室温（℃）	25	30～50	60～80
二氧化碳（％）	0.15	≤0.10	—
一氧化碳（mg/m³）	≤10	—	—
照度（lx）	≥50	≥30	≥30
水温（℃）	—	40～50	—
浴池水浊度（度）	—	≤30	—

第四节 理发店、美容店

一、依据标准

《理发店、美容店卫生标准》（GB 9666—1996）规定了理发店、美容店的空气卫生标准值及其卫生要求。

本标准适用于理发店、美容院（店）。

二、检测项目

（1）化学参数：二氧化碳、一氧化碳、甲醛、PM$_{10}$、氨。

（2）生物参数：空气细菌总数。

三、检测方法

（1）化学参数检测方法，详见第三篇第三章第二节。

（2）生物参数检测方法，详见第三篇第三章第二节。

四、结果判定

理发店、美容院（店）中空气质量的化学、生物参数的检验结果，应符合表 3-5 的卫生标准值的要求。

表 3-5 理发店、美容院（店）卫生标准值

项 目	理发店、美容院（店）	项 目		理发店、美容院（店）
二氧化碳（％）	≤0.1	氨（mg/m³）		≤0.5
一氧化碳（mg/m³）	≤10	空气细菌数	撞击法（CFU/m³）	≤4000
甲醛（mg/m³）	≤0.12			
可吸入颗粒物（mg/m³）	≤0.15（美容院）		沉降法（个/皿）	≤40
	≤0.2（理发店）			

第五节 游泳场所

一、依据标准

《游泳场所卫生标准》（GB 9667—1996）规定室内外游泳场所的水质和游泳馆内空

气质量卫生标准值及其卫生要求。

本标准适用于人工和天然室内外游泳场所的水质和游泳馆内空气质量检验。

二、检测项目

1. 人工游泳池水质检验项目

温度、pH 值、浑浊度、尿素、游离性余氯、细菌总数、大肠菌群、有害物质。

2. 天然游泳场水质检验项目

pH 值、透明度、漂浮物质、有害物质。

3. 游泳馆空气质量

物理参数：冬季室温、相对湿度、风速。

化学参数：二氧化碳。

生物参数：空气细菌总数。

三、检测方法

物理参数检测方法、化学参数检测方法、生物参数检测方法，分别参见第三篇第三章第一节和第二节。

四、结果判定

（1）人工游泳池水质的检验结果，应符合表 3-6 的标准值的要求。

（2）天然游泳场水质的检验结果，应符合表 3-7 的标准值的要求。

（3）游泳馆内空气中物理、化学、生物参数检验结果，应符合表 3-8 的标准值的要求。

表 3-6　人工游泳池水质卫生标准值

项　目	标准值	项　目	标准值
池水温度（℃）	22～26	游离性余氯（mg/L）	0.3～0.5
pH 值	6.5～8.5	细菌总数（个/mL）	≤1000
浑浊度（度）	≤5	大肠菌群（个/L）	≤18
尿素（mg/L）	≤3.5	有毒物质	按 TJ 36 表 3 执行

表 3-7　天然游泳场水质卫生标准值

项目	标准值	项目	标准值
pH 值	6.0～9.0	漂浮物质	无油膜及无漂浮物
透明度（cm）	≥30	有毒物质	按 TJ 36 表 3 执行或按 GB 3079 执行

表 3-8　游泳馆空气卫生标准值

项　目	标准值	项　目		标准值
冬季室温（℃）	高于水温度1～2	空气细菌数	撞击法（CFU/m³）	≤4000
相对湿度（%）	≤80			
风速（m/s）	≤0.5		沉降法（个/皿）	≤40
二氧化碳（%）	≤0.15			

第六节　体育馆

一、依据标准

《体育馆卫生标准》（GB 9668—1996）规定了体育馆的微小气候、空气质量、通风等卫生标准值及其卫生要求。

本标准适用于座位 1000 个以上的体育馆。

二、检测项目

（1）物理参数：相对湿度、温度、风速、照度。

（2）化学参数：二氧化碳、甲醛、PM_{10}。

（3）生物参数：空气细菌总数。

三、检测方法

（1）物理参数检测方法，详见第三篇第三章第一节。

（2）化学参数检测方法，详见第三篇第三章第二节。

（3）生物参数空气细菌总数的检测方法，详见第三篇第三章第二节。

四、结果判定

体育馆内空气中的物理、化学、生物参数检验结果，应符合表 3-9 的卫生标准值的要求。

表 3-9　体育馆卫生标准值

项目	标准值	项目		标准值
温度（℃）采暖地区冬季	≥16	可吸入颗粒物（mg/m^3）		≤0.25
相对湿度（%）	40～80	空气细菌数	撞击法（CFU/m^3）	≤4000
风速（m/s）	≤0.5		
二氧化碳（%）	≤0.15		沉降法（个/皿）	≤40
甲醛（mg/m^3）	≤0.12	照度（lx）		比赛时观众席>5

第七节　图书馆、博物馆、美术馆和展览馆

一、依据标准

《图书馆、博物馆、美术馆和展览馆卫生标准》（GB 9669—1996）规定了图书馆、博物馆、美术馆和展览馆的微小气候、空气质量、噪声、照度等卫生标准值及其卫生要求。

本标准适用于图书馆、博物馆、美术馆和展览馆。

二、检测项目

（1）物理参数：温度、相对湿度、风速、新风量、噪声、照度。

（2）化学参数：二氧化碳、甲醛、PM_{10}。

（3）生物参数：空气细菌总数。

三、检测方法

（1）物理参数检测方法，详见第三篇第三章第一节。

（2）化学参数检测方法，详见第三篇第三章第二节。

（3）生物参数空气细菌总数的检测方法，详见第三篇第三章第二节。

四、结果判定

图书馆、博物馆、美术馆和展览馆内空气中的物理、化学、生物参数检验结果，应符合表 3-10 的卫生标准值的要求。

表 3-10　图书馆、博物馆、美术馆和展览馆卫生标准

项　目		图书馆、博物馆、美术馆	展览馆
温度 （℃）	有空调装置	18～28	18～28
	无空调装置的采暖地区冬季	≥16	≥16
相对湿度（%），有中央空调		45～65	40～80
风速（m/s）		≤0.5	≤0.5
二氧化碳（%）		≤0.10	≤0.15
甲醛（mg/m^3）		≤0.12	≤0.12
可吸入颗粒物（mg/m^3）		≤0.15	≤0.25
空气细 菌数	撞击法（CFU/m^3）	≤2500	≤7000
	沉降法（个/皿）	≤30	≤75
噪声［dB（A）］		≤50	≤60
台面照度（lx）		≥100	≥100

第八节　商场（店）、书店

一、依据标准

《商场（店）、书店卫生标准》（GB 9670—1996）规定了商场（店）、书店的微小气候、空气质量、噪声、照度等卫生标准值及其卫生要求。

本标准适用于城市营业面积在 $300m^3$ 以上和县、乡、镇营业面积在 $200m^3$ 以上的室内场所、书店。

二、检测项目

（1）物理参数：相对湿度、温度、风速、噪声、照度。

（2）化学参数：二氧化碳、一氧化碳、甲醛、PM_{10}。

（3）生物参数：空气细菌总数。

三、检测方法

（1）物理参数检测方法，详见第三篇第三章第一节。

（2）化学参数检测方法，详见第三篇第三章第二节。

（3）生物参数空气细菌总数的检测方法，详见第三篇第三章第二节。

四、结果判定

商场（店）、书店内空气中的物理、化学、生物参数的检验结果，应符合表 3-11 的卫生标准值的要求。

表 3-11　商场（店）、书店卫生标准

项　目		标准值	项　目		标准值
温度 （℃）	有空调装置	18～28	甲醛（mg/m³）		≤0.12
	无空调装置的	—	可吸入颗粒物（mg/m³）		≤0.25
	采暖地区冬季	≥16	空气细 菌数	撞击法（CFU/m³）	≤7000
相对湿度（%），有空调装置		40～80		沉降法（个/皿）	≤75
风速（m/s）		≤0.5	噪声［dB（A）］		≤60
二氧化碳（%）		≤0.15			出售音响设备的柜台≤85
一氧化碳（mg/m³）		≤5	照度（lx）		≥100

第九节　医院候诊室

一、依据标准

《医院候诊室卫生标准》（GB 9671—1996）规定了医院候诊室的微小气候、空气质量、噪声、照度等卫生标准值及其卫生要求。

本标准适用于区、县级以上医院（含区、县级）候诊室（包括挂号、取药等候室）。

二、检测项目

（1）物理参数：温度、风速、噪声、照度。

（2）化学参数：二氧化碳、一氧化碳、甲醛、PM_{10}。

（3）生物参数：空气细菌总数。

三、检测方法

（1）物理参数检测方法，详见第三篇第三章第一节。

（2）化学参数检测方法，详见第三篇第三章第二节。

（3）生物参数空气细菌总数的检测方法，详见第三篇第三章第二节。

四、结果判定

医院候诊室内空气中的物理、化学、生物参数检验结果，应符合表 3-12 的卫生标准值的要求。

表 3-12　医院候诊室卫生标准值

项　目		标准值	项　目		标准值
温度 （℃）	有空调装置	18～28	可吸入颗粒物（mg/m³）		≤0.15
	无空调采暖地区冬季	≥16	空气细 菌数	撞击法（CFU/m³）	≤4000
风速（m/s）		≤0.5		沉降法（个/皿）	≤40
二氧化碳（%）		≤0.10	噪声［dB（A）］		≤55
一氧化碳（mg/m³）		≤5	照度（lx）		≥50
甲醛（mg/m³）		≤0.12	—		—

第十节　公共交通等候室

一、依据标准

《公共交通等候室卫生标准》（GB 9672—1996）规定了公共交通等候室的微小气候、空气质量、噪声、照度等卫生标准值及其卫生要求。

本标准适用于公共交通等候室，包括特等和一等、二等站火车候车室，二等以上的候船室，机场候机室和二等以上的长途汽车站候车室。

二、检测项目

（1）物理参数：温度、相对湿度、风速、噪声、照度。

（2）化学参数：二氧化碳、一氧化碳、甲醛、PM_{10}。

（3）生物参数：空气细菌总数。

三、检测方法

（1）物理参数检测方法，详见第三篇第三章第一节。

（2）化学参数检测方法，详见第三篇第三章第二节。

（3）生物参数空气细菌总数的检测方法，详见第三篇第三章第二节。

四、结果判定

公共交通等候室内空气中的物理、化学、生物参数的检验结果，应符合表 3-13 的卫生标准值的要求。

表 3-13　公共交通等候室卫生标准值

项　目			候车室和候船室	候机室
温度 （℃）	空调	冬季	18～20	18～22
		夏季	24～28	24～28
	非空调	采暖区冬季	＞14	≥16
相对湿度（%）			—	40～80
风速（m/s）			≤0.5	≤0.5
二氧化碳（%）			≤0.15	≤0.15
一氧化碳（mg/m³）			≤10	≤10
甲醛（mg/m³）			≤0.12	≤0.12
可吸入颗粒物（mg/m³）			≤0.25	≤0.15
空气细菌 总数	撞击法（CFU/m³）		≤7000	≤4000
	沉降法（个/皿）		≤75	≤40
噪声［dB（A）］			≤70	≤70
照度（lx）			≥60	≥100

第十一节　公共交通工具

一、标准编号及适用范围

《公共交通工具卫生标准》（GB 9673—1996）规定了旅客列车车厢、轮船客轮、飞机客舱的微小气候、空气质量、噪声、照度等卫生标准值及其卫生要求。

本标准适用于旅客列车车厢、轮船客轮、飞机客舱等场所。

二、检测项目

（1）物理参数：相对湿度、温度、垂直温差、风速、噪声、照度。

（2）化学参数：二氧化碳、一氧化碳、PM_{10}。

（3）生物参数：空气细菌总数。

三、检测方法

（1）物理参数检测方法，详见第三篇第三章第一节。

（2）化学参数检测方法，详见第三篇第三章第二节。

（3）生物参数空气细菌总数的检测方法，详见第三篇第三章第二节。

四、结果判定

公共交通工具内空气中的物理、化学、生物参数检验结果，应符合表 3-14 的卫生标准值的要求。

表 3-14　公共交通工具卫生标准

项　目			旅客列车车厢	轮船客舱	飞机客舱
温度（℃）	空调	冬季	18～20	18～20	18～20
		夏季	24～28	24～28	24～28
	非空调		＞14	＞14	—
垂直温差（℃）			≤3	—	≤3
相对湿度（％），空调			40～70	40～80	40～60
风速（m/s）			≤0.5	≤0.5	≤0.5
二氧化碳（％）			≤0.15	≤0.15	≤0.15
一氧化碳（mg/m³）			≤10	≤10	≤10
可吸入颗粒物（mg/m³）			≤0.25	≤0.25	≤0.15
空气细菌总数	撞击法（CFU/m³）		≤4000	≤4000	≤2500
	沉降法（个/皿）		≤40	≤40	≤30
噪声［dB（A）］			软席≤65	≤65	≤80
			硬席≤70	—	—
			（运行速度＜80km/h）	—	—
照度（lx）			客室≥75	二等舱台面强度≥100	≥100
			餐车≥100	三等舱平均照度≥75	—
新风量［m³/（h·人）］			≥20	≥20	≥25

第十二节　饭馆（餐厅）

一、标准编号及适用范围

《饭馆（餐厅）卫生标准》（GB 16153—1996）规定了饭馆（餐厅）的微小气候、空气质量和通风等卫生标准值。

本标准适用于有空调装置的饭馆（餐厅）。

二、检测项目

（1）物理参数：相对湿度、温度、风速、新风量、照度。

（2）化学参数：二氧化碳、一氧化碳、甲醛、PM_{10}。

（3）生物参数：空气细菌总数。

三、检测方法

（1）物理参数检测方法，详见第三篇第三章第一节。

（2）化学参数检测方法，详见第三篇第三章第二节。

（3）生物参数空气细菌总数的检测方法，详见第三篇第三章第二节。

四、结果判定

饭馆（餐厅）内空气中的物理、化学、生物参数检验结果，应符合表 3-15 的卫生标准值的要求。

表 3-15　饭馆（餐厅）卫生标准

项　　目	标准值	项　　目		标准值
温度（℃）	18～20	可吸入颗粒（mg/m³）		≤0.15
相对湿度（%）	40～80	空气细菌数	撞击法（CFU/m³）	≤4000
风速（m/s）	≤0.15		沉降法（个/皿）	≤40
二氧化碳（%）	≤0.15	照度（lx）		≥50
一氧化碳（mg/m³）	≤10	新风量［m³/（h·人）］		≥20
甲醛（mg/m³）	≤0.12	—		—

第三章　公共场所卫生检测技术

第一节　物理参数

一、空气温度

按《公共场所卫生检验方法　第 1 部分：物理因素》（GB/T 18204.1—2013）中 3.1 玻璃液体温度计法和 3.2 数显式温度计法规定的测量方法进行。

（一）玻璃液体温度计法

1. 仪器

（1）玻璃液体温度计：刻度最小分值不大于 0.2℃，测量精度 ±0.5℃。

（2）温度计悬挂支架。

2. 测量步骤

（1）测点布置，详见本章第三节第一条。

（2）为了防止日光等热辐射的影响，温包需用热遮蔽。

（3）经 5～10min 后读数，读数时先读小数，后读整数。读数时视线应与温度计标尺垂直，水银温度计按凸出弯月面的最高点读数，酒精温度计按凹月面的最低点读数。

（4）读数应快速准确，以免人的呼吸气影响读数的准确性。

（5）由于玻璃热后效应，玻璃液体温度计零点位置应经常用标准温度计校正，如零点有位移时，应把位移值加到读数上。

3. 结果计算

温度按式（3-1）和式（3-2）计算。

$$t_{实} = t_{测} + d \tag{3-1}$$

式中　$t_{实}$——实际温度,℃；

　　　$t_{测}$——测得温度,℃；

　　　d——零点位移值,℃。

其中，

$$d = a - b \tag{3-2}$$

式中　a——温度计所示零点；

　　　b——标准温度计校准的零点位置。

4. 测量范围

空气温度 0～50℃。

（二）数显式温度计法

1. 仪器

数显式温度计：最小分辨率为 0.1℃，测量范围为 −40～+90℃，测量精度

$\pm 0.5℃$。

2. 测定步骤

（1）按仪器使用说明书校准和操作。

（2）待显示器所显示的温度读数稳定后，即可读出温度值。

3. 测量范围

空气温度 $0\sim 60℃$。

二、相对湿度

按《公共场所卫生检验方法 第 1 部分：物理因素》（GB/T 18204.1—2013）中 4.3 电阻电容法规定的测量方法进行。

1. 仪器

电阻式或者电容式湿度计，在 $25℃$ 下，相对湿度误差不大于 $\pm 5\%$。

2. 测量步骤

（1）测点设置，详见本章第三节第一条。

（2）按照仪器使用说明书进行校准和测量湿度，待显示器所显示的湿度稳定后，即可读出湿度值。

3. 测量范围

在 $0\sim 60℃$ 范围内，电阻式湿度计相对湿度测量范围 $10\%\sim 90\%$；电容式湿度计，相对湿度测量范围为 $0\%\sim 100\%$。

三、空气流速

按《公共场所卫生检验方法 第 1 部分：物理因素》（GB/T 18204.1—2013）中 5 规定的数显式热球电风速计进行测量。

1. 仪器

数显式热球电风速计，最低检测值不大于 $0.05\mathrm{m/s}$。

2. 测量步骤

（1）测点设置，详见本章第三节第一条。

（2）使用时，风速计进行自检和校准。

（3）轻轻将测杆测头拉出，测头上的红点对准来风方向，读出风速值。

3. 测量范围和测量误差

测量范围：$0.1\sim 10\mathrm{m/s}$。

测量误差：在 $0.1\sim 2\mathrm{m/s}$ 范围内，误差不大于 $\pm 10\%$。

四、室内新风量

按《公共场所卫生检验方法 第 1 部分：物理因素》（GB/T 18204.1—2013）中 6.1 示踪气体法规定的方法用 CO_2 示踪气体法进行测定。

CO_2 示踪气体的浓度按指数方程式（3-3）衰减，依据浓度随时间变化的值，求出换气次数和室内的新风量。

$$C_t = C_0 e^{-kt} \tag{3-3}$$

式中 C_t——在时间 t 时的浓度；

C_0——在 $t=0$ 时的初始浓度；

k——换气次数；

t——时间，h。

1. 仪器与材料

（1）不分光红外线二氧化碳气体分析仪。

（2）钢瓶 CO_2 气体。

2. 测量步骤

（1）用尺测量室内容积和家具体积，两者之差即室内空气体积 V。

（2）按照仪器使用说明书进行校准。

（3）测量室内 CO_2 本底浓度。

（4）关闭房间门窗，释放适量 CO_2 气体，把钢瓶移至室外后，使用电风扇搅拌 3～5min 使 CO_2 分布均匀，用气体分析仪每一定时间间隔测量一次，测量 30～60min，测量次数不少于 5 次。

3. 结果计算

（1）换气次数

依据指数方程式（3-3），利用 Microsoft Excel 软件，以 C_t 对 t 作线性回归处理，求得衰减常数 k，即换气次数。

（2）新风量

室内的新风量，按式（3-4）计算。

$$Q = \frac{k \times V}{p} \tag{3-4}$$

式中　Q——新风量，$m^3/[\text{人} \cdot h]$；

V——试验舱容积，m^3；

k——换气次数，h^{-1}；

p——人数，人。取设计人流量与实际最大人流量两个数中的高值。

五、噪声

按《公共场所卫生检验方法　第 1 部分：物理因素》（GB/T 18204.1—2013）中 7 数字声级计法规定的方法进行测量。

1. 仪器与材料

数字声级计：测量范围（A 声级）30～120dB，精度 ±1.0dB。

2. 测量步骤

（1）测点设置，详见本章第三节第二条。

（2）测量前使用校准器声级计进行校准。

（3）测量时声级计可以手持也可以固定在三脚架上，并尽可能减少声波反射影响。

（4）对于稳态噪声，用声级计"快挡"读取 1min 示值或平均值，对于脉冲噪声读取峰值和脉冲保持值。

（5）对周期性噪声，用声级计"慢挡"每隔 5s 读取一个瞬时 A 声级值连续读取若干数据。

3. 结果计算

（1）室内环境噪声为稳态噪声的，声级计示值或平均值即等效 A 声级 L_{Aeq}。

（2）室内环境噪声为脉冲噪声的，声级计测得的峰值即等效 A 声级 L_{Aeq}。

（3）室内环境噪声为周期性或其他非周期非稳态噪声的，等效 A 声级 L_{Aeq} 按式(3-5)计算。

$$L_{Aeq} = 10 \lg\left(\sum_{i=1}^{n} 10^{0.1L_{Ai}}\right) - 10 \lg n \tag{3-5}$$

式中　L_{Aeq}——室内环境噪声等效 A 声级，dB。

　　　n——在规定时间 t 内测量数据的总数，个。

　　　L_{Ai}——第 i 次测量的 A 声级，dB。

六、照度

按《公共场所卫生检验方法　第 1 部分：物理因素》（GB/T 18204.1—2013）中 8 照度计法规定的方法进行测定。

1. 仪器

照度计：量程下限不大于 1lx，上限不小于 5000lx；示值误差不超过 ±8％。

2. 测量步骤

（1）测点设置，详见本章第三节第三条。

（2）测量前照度计必须进行校准。

（3）测量时照度计受光器应水平放置，读取照度值。

（4）操作人员的位置和服装不应对测量结果造成影响。

第二节　化学参数和生物参数

一、二氧化碳的测定

空气中二氧化碳的浓度，按第一篇第三章第七节二氧化碳检测技术规定的不分光红外分析法进行测定。

二、一氧化碳的测定

空气中一氧化碳的浓度，按第一篇第三章第六节一氧化碳检测技术规定的不分光红外分析法进行测定。

三、甲醛的测定

空气中甲醛的浓度，按第一篇第三章第一节甲醛检测技术规定的 AHMT 分光光度法或酚试剂分光光度法进行测定。

四、氨的测定

空气中氨的浓度，按第一篇第三章第二节氨检测技术规定的靛酚蓝分光光度法进行测定。

五、可吸入颗粒物的测定

空气中可吸入颗粒物的浓度，按第一篇第三章第八节可吸入颗粒物检测技术规定的滤膜称重法或光散射法进行测定。

六、生物参数

公共场所内空气细菌总数的测定，按第二篇第三章第一节空气细菌总数的测定规定的室内空气中菌落总数检测方法、撞击法测定细菌总数或自然沉降法对细菌总数进行测定。

第三节　现场检测点布置要求

一、空气温度、相对湿度和室内风速测点布置

1. 测点数量

室内面积小于 $50m^2$ 设置 1 个测点；$50\sim200m^2$ 设置 2 个测点；$200m^2$ 以上设置 3~5 个测点。

2. 测点位置

室内 1 个测点设置在房间中央；2 个测点设置在室内对称点上；3 个测点设置在室内对角线四等分的 3 个等分点上；5 个测点按梅花式均匀分布布点；其他按均匀布点原则布置。

3. 测点距离

测点距离地面高度应在 1~1.5m 之间，距离墙壁应不小于 1m。室内空气测点应距离热源不小于 0.5m。

二、噪声测点布置

1. 测点数量

噪声源在公共场所外的，按（一、1）设置；噪声源在公共场所内的，设置 3 个测点。

2. 测点位置

噪声源在公共场所外的，按（一、2）设置；噪声源在公共场所内的，在噪声源中心至对侧墙壁中心的直线四等分的 3 个等分点上设置。

3. 测点距离

测点距离地面高度应在 1~1.5m 之间，距离墙壁和其他反射面应不小于 1m。

三、照度测点布置

1. 整体照明

测点数量和位置分别按（一、1~2）设置，测点距离地面高度应在 1~1.5m 之间。

2. 局部照明

如果是在局部照明情况下，可测量其中有代表性的一点。如果是在局部照明和整体照明兼用的情况下，应按实际情况合理选择整体照明的灯光是关闭还是开启，并在测定结果中注明。

3. 光源稳定时间

如果光源是白炽灯应开启 5min 后开始测量，若是气体放电灯应开启 30min 后开始测量。

第四篇

工作场所职业卫生检测技术

第一章　职业病防治法及职业危害因素和接触限值

第一节　中华人民共和国职业病防治法

《中华人民共和国职业病防治法》（简称《职业病防治法》）是我国实验室开展工作场所职业卫生检测和评价的法律依据。职业病（occupational diseases）是指企业、事业单位和个体经济组织的劳动者在职业活动中，因接触粉尘、放射性物质和其他有毒、有害物质等因素而引起的疾病。

工作场所（workplace）是指劳动者进行职业活动，并由用人单位直接或间接控制的所有工作地点。

一、防治法宗旨

第一条　明确指出是为了预防、控制和消除职业病危害，防治职业病，保护劳动者健康及其相关权益，促进经济社会发展。

第二条　规定本法适用于中华人民共和国领域内的职业病防治活动。

第九条　规定了国家实行职业卫生监督制度。

第十二条　规定由国务院卫生行政部门组织开展重点职业病监测和专项调查，在对职业健康风险进行评估的基础上，制定有关防治职业病的国家职业卫生标准。

二、实施原则

第十四条　规定用人单位应当依照法律、法规要求，严格遵守国家职业卫生标准，落实职业病预防措施，从源头上控制和消除职业病危害。

第二十一条　规定用人单位应当采取下列职业病防治管理措施，用人单位应当为劳动者创造符合国家职业卫生标准和卫生要求的工作环境和条件，并采取措施保障劳动者获得职业卫生保护。

三、检测评价制度

第二十一条　规定用人单位应当采取职业病防治管理措施，建立、健全工作场所职业病危害因素监测及评价制度。

第二十七条　规定用人单位应当实施由专人负责的职业病危害因素日常监测，并按照国务院安全生产监督管理部门的规定，定期对工作场所进行职业病危害因素检测、评价。

职业卫生技术服务机构所作检测、评价应当客观、真实。

第二十八条　规定职业卫生技术服务机构依法从事职业病危害因素检测、评价工作，接受安全生产监督管理部门的监督检查。

第二节　职业性有害因素分类

职业性有害因素（occupational hazards）又称职业病危害因素。指在职业活动中产生和（或）存在的，可能对职业人群健康、安全和作业能力造成不良影响的因素或条件，包括化学、物理、生物等因素。

按《职业病防治法》第二条规定，职业病危害因素的分类和目录，由国务院卫生行政部门会同国务院安全生产监督管理部门、劳动保障行政部门制定、调整并公布。

根据职业病防治工作需要，国家卫生计生委、安全监管总局、人力资源社会保障部和全国总工会联合组织对《职业病危害因素分类目录》进行了修订，并于 2015 年发布实施修订版。

《职业病危害因素分类目录》分为 6 部分：粉尘 52 项、物理因素 15 项、化学因素 375 项、放射性因素 8 项、生物因素 6 项、其他因素 3 项，分别列于表 4-1～表 4-6 中。

表 4-1　粉　　尘

序　号	名　称	化学文摘号（CAS No.）
1	矽尘（游离 SiO_2 含量≥10%）	14808-60-7
2	煤尘	—
3	石墨粉尘	7782-42-5
4	炭黑粉尘	1333-86-4
5	石棉粉尘	1332-21-4
6	滑石粉尘	14807-96-6
7	水泥粉尘	—
8	云母粉尘	12001-26-2
9	陶土粉尘	—
10	铝尘	7429-90-5
11	电焊烟尘	—
12	铸造粉尘	—
13	白炭黑粉尘	112926-00-8
14	白云石粉尘	—
15	玻璃钢粉尘	—
16	玻璃棉粉尘	65997-17-3
17	茶尘	—
18	大理石粉尘	1317-65-3
19	二氧化钛粉尘	13463-67-7
20	沸石粉尘	—
21	谷物粉尘（游离 SiO_2 含量<10%）	—
22	硅灰石粉尘	13983-17-0

续表

序　号	名　称	化学文摘号（CAS No.）
23	硅藻土粉尘（游离 SiO_2 含量<10％）	61790-53-2
24	活性炭粉尘	64365-11-3
25	聚丙烯粉尘	9003-07-0
26	聚丙烯腈纤维粉尘	—
27	聚氯乙烯粉尘	9002-86-2
28	聚乙烯粉尘	9002-88-4
29	矿渣棉粉尘	—
30	麻尘（亚麻、黄麻和苎麻）（游离 SiO_2 含量<10％）	—
31	棉尘	—
32	木粉尘	—
33	膨润土粉尘	1302-78-9
34	皮毛粉尘	—
35	桑蚕丝尘	—
36	砂轮磨尘	—
37	石膏粉尘（硫酸钙）	10101-41-4
38	石灰石粉尘	1317-65-3
39	碳化硅粉尘	409-21-2
40	碳纤维粉尘	—
41	稀土粉尘（游离 SiO_2 含量<10％）	—
42	烟草尘	—
43	岩棉粉尘	—
44	萤石混合性粉尘	—
45	珍珠岩粉尘	93763-70-3
46	蛭石粉尘	—
47	重晶石粉尘（硫酸钡）	7727-43-7
48	锡及其化合物粉尘	7440-31-5（锡）
49	铁及其化合物粉尘	7439-89-6（铁）
50	锑及其化合物粉尘	7440-36-0（锑）
51	硬质合金粉尘	—
52	以上未提及的可导致职业病的其他粉尘	

表 4-2　物理因素

序　号	名　称
1	噪声
2	高温
3	低气压

续表

序　号	名　称
4	高气压
5	高原低氧
6	振动
7	激光
8	低温
9	微波
10	紫外线
11	红外线
12	工频电磁场
13	高频电磁场
14	超高频电磁场
15	以上未提及的可导致职业病的其他物理因素

表 4-3　化学因素

序　号	名　称	化学文摘号（CAS No.）
1	铅及其化合物（不包括四乙基铅）	7439-92-1（铅）
2	汞及其化合物	7439-97-6（汞）
3	锰及其化合物	7439-96-5（锰）
4	镉及其化合物	7440-43-9（镉）
5	铍及其化合物	7440-41-7（铍）
6	铊及其化合物	7440-28-0（铊）
7	钡及其化合物	7440-39-3（钡）
8	钒及其化合物	7440-62-6（钒）
9	磷及其化合物（磷化氢、磷化锌、磷化铝、有机磷单列）	7723-14-0（磷）
10	砷及其化合物（砷化氢单列）	7440-38-2（砷）
11	铀及其化合物	7440-61-1（铀）
12	砷化氢	7784-42-1
13	氯气	7782-50-5
14	二氧化硫	7446-9-5
15	光气（碳酰氯）	75-44-5
16	氨	7664-41-7
17	偏二甲基肼（1,1-二甲基肼）	57-14-7
18	氮氧化合物	—
19	一氧化碳	630-08-0
20	二硫化碳	75-15-0
21	硫化氢	7783-6-4

续表

序　号	名　称	化学文摘号（CAS No.）
22	磷化氢、磷化锌、磷化铝	7803-51-2、1314-84-7、20859-73-8
23	氟及其无机化合物	7782-41-4（氟）
24	氰及其腈类化合物	460-19-5（氰）
25	四乙基铅	78-00-2
26	有机锡	—
27	羰基镍	13463-39-3
28	苯	71-43-2
29	甲苯	108-88-3
30	二甲苯	1330-20-7
31	正己烷	110-54-3
32	汽油	—
33	一甲胺	74-89-5
34	有机氟聚合物单体及其热裂解物	—
35	二氯乙烷	1300-21-6
36	四氯化碳	56-23-5
37	氯乙烯	1975-1-4
38	三氯乙烯	1979-1-6
39	氯丙烯	107-05-1
40	氯丁二烯	126-99-8
41	苯的氨基及硝基化合物（不含三硝基甲苯）	—
42	三硝基甲苯	118-96-7
43	甲醇	67-56-1
44	酚	108-95-2
45	五氯酚及其钠盐	87-86-5（五氯酚）
46	甲醛	50-00-0
47	硫酸二甲酯	77-78-1
48	丙烯酰胺	1979-6-1
49	二甲基甲酰胺	1968-12-2
50	有机磷	—
51	氨基甲酸酯类	
52	杀虫脒	19750-95-9
53	溴甲烷	74-83-9
54	拟除虫菊酯	—
55	铟及其化合物	7440-74-6（铟）
56	溴丙烷（1-溴丙烷；2-溴丙烷）	106-94-5；75-26-3

序　号	名　称	化学文摘号（CAS No.）
57	碘甲烷	74-88-4
58	氯乙酸	1979-11-8
59	环氧乙烷	75-21-8
60	氨基磺酸铵	7773-06-0
61	氯化铵烟	12125-02-9（氯化铵）
62	氯磺酸	7790-94-5
63	氢氧化铵	1336-21-6
64	碳酸铵	506-87-6
65	α-氯乙酰苯	532-27-4
66	对特丁基甲苯	98-51-1
67	二乙烯基苯	1321-74-0
68	过氧化苯甲酰	94-36-0
69	乙苯	100-41-4
70	碲化铋	1304-82-1
71	铂化物	—
72	1,3-丁二烯	106-99-0
73	苯乙烯	100-42-5
74	丁烯	25167-67-3
75	二聚环戊二烯	77-73-6
76	邻氯苯乙烯（氯乙烯苯）	2039-87-4
77	乙炔	74-86-2
78	1,1-二甲基-4,4′-联吡啶鎓盐二氯化物（百草枯）	1910-42-5
79	2-N-二丁氨基乙醇	102-81-8
80	2-二乙氨基乙醇	100-37-8
81	乙醇胺（氨基乙醇）	141-43-5
82	异丙醇胺（1-氨基-2-二丙醇）	78-96-6
83	1,3-二氯-2-丙醇	96-23-1
84	苯乙醇	60-12-18
85	丙醇	71-23-8
86	丙烯醇	107-18-6
87	丁醇	71-36-3
88	环己醇	108-93-0
89	己二醇	107-41-5
90	糠醇	98-00-0
91	氯乙醇	107-07-3

续表

序 号	名 称	化学文摘号（CAS No.）
92	乙二醇	107-21-1
93	异丙醇	67-63-0
94	正戊醇	71-41-0
95	重氮甲烷	334-88-3
96	多氯萘	70776-03-3
97	蒽	120-12-7
98	六氯萘	1335-87-1
99	氯萘	90-13-1
100	萘	91-20-3
101	萘烷	91-17-8
102	硝基萘	86-57-7
103	蒽醌及其染料	84-65-1（蒽醌）
104	二苯胍	102-06-7
105	对苯二胺	106-50-3
106	对溴苯胺	106-40-1
107	卤化水杨酰苯胺（N-水杨酰苯胺）	—
108	硝基萘胺	776-34-1
109	对苯二甲酸二甲酯	120-61-6
110	邻苯二甲酸二丁酯	84-74-2
111	邻苯二甲酸二甲酯	131-11-3
112	磷酸二丁基苯酯	2528-36-1
113	磷酸三邻甲苯酯	78-30-8
114	三甲苯磷酸酯	1330-78-5
115	1,2,3-苯三酚（焦梧酚）	87-66-1
116	4,6-二硝基邻苯甲酚	534-52-1
117	N,N-二甲基-3-氨基苯酚	99-07-0
118	对氨基酚	123-30-8
119	多氯酚	—
120	二甲苯酚	108-68-9
121	二氯酚	120-83-2
122	二硝基苯酚	51-28-5
123	甲酚	1319-77-3
124	甲基氨基酚	55-55-0
125	间苯二酚	108-46-3
126	邻仲丁基苯酚	89-72-5

序　号	名　称	化学文摘号（CAS No.）
127	萘酚	1321-67-1
128	氢醌（对苯二酚）	123-31-9
129	三硝基酚（苦味酸）	88-89-1
130	氰氨化钙	156-62-7
131	碳酸钙	471-34-1
132	氧化钙	1305-78-8
133	锆及其化合物	7440-67-7（锆）
134	铬及其化合物	7440-47-3（铬）
135	钴及其氧化物	7440-48-4
136	二甲基二氯硅烷	75-78-5
137	三氯氢硅	10025-78-2
138	四氯化硅	10026-04-7
139	环氧丙烷	75-56-9
140	环氧氯丙烷	106-89-8
141	柴油	—
142	焦炉逸散物	—
143	煤焦油	8007-45-2
144	煤焦油沥青	65996-93-2
145	木馏油（焦油）	8001-58-9
146	石蜡烟	—
147	石油沥青	8052-42-4
148	苯肼	100-63-0
149	甲基肼	60-34-4
150	肼	302-01-2
151	聚氯乙烯热解物	7647-01-0
152	锂及其化合物	7439-93-2（锂）
153	联苯胺（4,4'-二氨基联苯）	92-87-5
154	3,3二甲基联苯胺	119-93-7
155	多氯联苯	1336-36-3
156	多溴联苯	59536-65-1
157	联苯	92-52-4
158	氯联苯（54%氯）	11097-69-1
159	甲硫醇	74-93-1
160	乙硫醇	75-08-1
161	正丁基硫醇	109-79-5

续表

序　号	名　　称	化学文摘号（CAS No.）
162	二甲基亚砜	67-68-5
163	二氯化砜（磺酰氯）	7791-25-5
164	过硫酸盐（过硫酸钾、过硫酸钠、过硫酸铵等）	—
165	硫酸及三氧化硫	7664-93-9
166	六氟化硫	2551-62-4
167	亚硫酸钠	7757-83-7
168	2-溴乙氧基苯	589-10-6
169	苄基氯	100-44-7
170	苄基溴（溴甲苯）	100-39-0
171	多氯苯	—
172	二氯苯	106-46-7
173	氯苯	108-90-7
174	溴苯	108-86-1
175	1,1-二氯乙烯	75-35-4
176	1,2-二氯乙烯（顺式）	540-59-0
177	1,3-二氯丙烯	542-75-6
178	二氯乙炔	7572-29-4
179	六氯丁二烯	87-68-3
180	六氯环戊二烯	77-47-4
181	四氯乙烯	127-18-4
182	1,1,1-三氯乙烷	71-55-6
183	1,2,3-三氯丙烷	96-18-4
184	1,2-二氯丙烷	78-87-5
185	1,3-二氯丙烷	142-28-9
186	二氯二氟甲烷	75-71-8
187	二氯甲烷	75-09-2
188	二溴氯丙烷	35407
189	六氯乙烷	67-72-1
190	氯仿（三氯甲烷）	67-66-3
191	氯甲烷	74-87-3
192	氯乙烷	75-00-3
193	氯乙酰氯	79-40-9
194	三氯一氟甲烷	75-69-4
195	四氯乙烷	79-34-5
196	四溴化碳	558-13-4

续表

序 号	名 称	化学文摘号（CAS No.）
197	五氟氯乙烷	76-15-3
198	溴乙烷	74-96-4
199	铝酸钠	1302-42-7
200	二氧化氯	10049-04-4
201	氯化氢及盐酸	7647-01-0
202	氯酸钾	3811-04-9
203	氯酸钠	7775-09-9
204	三氟化氯	7790-91-2
205	氯甲醚	107-30-2
206	苯基醚（二苯醚）	101-84-8
207	二丙二醇甲醚	34590-94-8
208	二氯乙醚	111-44-4
209	二缩水甘油醚	—
210	邻茴香胺	90-04-0
211	双氯甲醚	542-88-1
212	乙醚	60-29-7
213	正丁基缩水甘油醚	2426-08-6
214	钼酸	13462-95-8
215	钼酸铵	13106-76-8
216	钼酸钠	7631-95-0
217	三氧化钼	1313-27-5
218	氢氧化钠	1310-73-2
219	碳酸钠（纯碱）	3313-92-6
220	镍及其化合物（羰基镍单列）	—
221	癸硼烷	17702-41-9
222	硼烷	—
223	三氟化硼	7637-07-2
224	三氯化硼	10294-34-5
225	乙硼烷	19287-45-7
226	2-氯苯基羟胺	10468-16-3
227	3-氯苯基羟胺	10468-17-4
228	4-氯苯基羟胺	823-86-9
229	苯基羟胺（苯胲）	100-65-2
230	巴豆醛（丁烯醛）	4170-30-3
231	丙酮醛（甲基乙二醛）	78-98-8

序　号	名　称	化学文摘号（CAS No.）
232	丙烯醛	107-02-8
233	丁醛	123-72-8
234	糠醛	98-01-1
235	氯乙醛	107-20-0
236	羟基香茅醛	107-75-5
237	三氯乙醛	75-87-6
238	乙醛	75-07-0
239	氢氧化铯	21351-79-1
240	氯化苄烷胺（洁尔灭）	8001-54-5
241	双-（二甲基硫代氨基甲酰基）二硫化物（秋兰姆、福美双）	137-26-8
242	α-萘硫脲（安妥）	86-88-4
243	3-(1-丙酮基苄基)-4-羟基香豆素（杀鼠灵）	81-81-2
244	酚醛树脂	9003-35-4
245	环氧树脂	38891-59-7
246	脲醛树脂	25104-55-6
247	三聚氰胺甲醛树脂	9003-08-1
248	1,2,4-苯三酸酐	552-30-7
249	邻苯二甲酸酐	85-44-9
250	马来酸酐	108-31-6
251	乙酸酐	108-24-7
252	丙酸	79-09-4
253	对苯二甲酸	100-21-0
254	氟乙酸钠	62-74-8
255	甲基丙烯酸	79-41-4
256	甲酸	64-18-6
257	羟基乙酸	79-14-1
258	巯基乙酸	68-11-1
259	三甲基己二酸	3937-59-5
260	三氯乙酸	76-03-9
261	乙酸	64-19-7
262	正香草酸（高香草酸）	306-08-1
263	四氯化钛	7550-45-0
264	钽及其化合物	7440-25-7（钽）
265	锑及其化合物	7440-36-0（锑）
266	五羰基铁	13463-40-6

续表

序　号	名　称	化学文摘号（CAS No.）
267	2-己酮	591-78-6
268	3,5,5-三甲基-2-环己烯-1-酮（异佛尔酮）	78-59-1
269	丙酮	67-64-1
270	丁酮	78-93-3
271	二乙基甲酮	96-22-0
272	二异丁基甲酮	108-83-8
273	环己酮	108-94-1
274	环戊酮	120-92-3
275	六氟丙酮	684-16-2
276	氯丙酮	78-95-5
277	双丙酮醇	123-42-2
278	乙基另戊基甲酮（4-甲基-3-庚酮）	541-85-5
279	乙基戊基甲酮	106-68-3
280	乙烯酮	463-51-4
281	异亚丙基丙酮	141-79-7
282	铜及其化合物	—
283	丙烷	74-98-6
284	环己烷	110-82-7
285	甲烷	74-82-8
286	壬烷	111-84-2
287	辛烷	111-65-9
288	正庚烷	142-82-5
289	正戊烷	109-66-0
290	2-乙氧基乙醇	110-80-5
291	甲氧基乙醇	109-86-4
292	围涎树碱	—
293	二硫化硒	56093-45-9
294	硒化氢	7783-07-5
295	钨及其不溶性化合物	7740-33-7（钨）
296	硒及其化合物（六氟化硒、硒化氢单列）	7782-49-2（硒）
297	二氧化锡	1332-29-2
298	N,N-二甲基乙酰胺	127-19-5
299	N-3,4 二氯苯基丙酰胺（敌稗）	709-98-8
300	氟乙酰胺	640-19-7
301	己内酰胺	105-60-2

续表

序　号	名　称	化学文摘号（CAS No.）
302	环四次甲基四硝胺（奥克托今）	2691-41-0
303	环三次甲基三硝铵（黑索今）	121-82-4
304	硝化甘油	55-63-0
305	氯化锌烟	7646-85-7（氯化锌）
306	氧化锌	1314-13-2
307	氢溴酸（溴化氢）	10035-10-6
308	臭氧	10028-15-6
309	过氧化氢	7722-84-1
310	钾盐镁矾	—
311	丙烯基芥子油	—
312	多次甲基多苯基异氰酸酯	57029-46-6
313	二苯基甲烷二异氰酸酯	101-68-8
314	甲苯-2,4-二异氰酸酯（TDI）	584-84-9
315	六亚甲基二异氰酸酯（HDI）（1,6-己二异氰酸酯）	822-06-0
316	萘二异氰酸酯	3173-72-6
317	异佛尔酮二异氰酸酯	4098-71-9
318	异氰酸甲酯	624-83-9
319	氧化银	20667-12-3
320	甲氧氯	72-43-5
321	2-氨基吡啶	504-29-0
322	N-乙基吗啉	100-74-3
323	吖啶	260-94-6
324	苯绕蒽酮	82-05-3
325	吡啶	110-86-1
326	二噁烷	123-91-1
327	呋喃	110-00-9
328	吗啉	110-91-8
329	四氢呋喃	109-99-9
330	茚	95-13-6
331	四氢化锗	7782-65-2
332	二乙烯二胺（哌嗪）	110-85-0
333	1,6-己二胺	124-09-4
334	二甲胺	124-40-3
335	二乙烯三胺	111-40-0
336	二异丙胺基氯乙烷	96-79-7

序　号	名　称	化学文摘号（CAS No.）
337	环己胺	108-91-8
338	氯乙基胺	689-98-5
339	三乙烯四胺	112-24-3
340	烯丙胺	107-11-9
341	乙胺	75-04-7
342	乙二胺	107-15-3
343	异丙胺	75-31-0
344	正丁胺	109-73-9
345	1,1-二氯-1-硝基乙烷	594-72-9
346	硝基丙烷	25322-01-4
347	三氯硝基甲烷（氯化苦）	76-06-2
348	硝基甲烷	75-52-5
349	硝基乙烷	79-24-3
350	1,3-二甲基丁基乙酸酯（乙酸仲己酯）	108-84-9
351	2-甲氧基乙基乙酸酯	110-49-6
352	2-乙氧基乙基乙酸酯	111-15-9
353	n-乳酸正丁酯	138-22-7
354	丙烯酸甲酯	96-33-3
355	丙烯酸正丁酯	141-32-2
356	甲基丙烯酸甲酯（异丁烯酸甲酯）	80-62-6
357	甲基丙烯酸缩水甘油酯	106-91-2
358	甲酸丁酯	592-84-7
359	甲酸甲酯	107-31-3
360	甲酸乙酯	109-94-4
361	氯甲酸甲酯	79-22-1
362	氯甲酸三氯甲酯（双光气）	503-38-8
363	三氟甲基次氟酸酯	—
364	亚硝酸乙酯	109-95-5
365	乙二醇二硝酸酯	628-96-6
366	乙基硫代磺酸乙酯	682-91-7
367	乙酸苄酯	140-11-4
368	乙酸丙酯	109-60-4
369	乙酸丁酯	123-86-4
370	乙酸甲酯	79-20-9
371	乙酸戊酯	628-63-7

续表

序　号	名　称	化学文摘号（CAS No.）
372	乙酸乙烯酯	108-05-4
373	乙酸乙酯	141-78-6
374	乙酸异丙酯	108-21-4
375	以上未提及的可导致职业病的其他化学因素	

表 4-4　放射性因素

序　号	名　称	备　注
1	密封放射源产生的电离辐射	主要产生 γ、中子等射线
2	非密封放射性物质	可产生 α、β、γ 射线或中子
3	X 射线装置（含 CT 机）产生的电离辐射	X 射线
4	加速器产生的电离辐射	可产生电子射线、X 射线、质子、重离子、中子以及感生放射性等
5	中子发生器产生的电离辐射	主要是中子、γ 射线等
6	氡及其短寿命子体	限于矿工高氡暴露
7	铀及其化合物	—
8	以上未提及的可导致职业病的其他放射性因素	

表 4-5　生物因素

序　号	名　称	备　注
1	艾滋病病毒	限于医疗卫生人员及人民警察
2	布鲁氏菌	—
3	伯氏疏螺旋体	—
4	森林脑炎病毒	—
5	炭疽芽孢杆菌	—
6	以上未提及的可导致职业病的其他生物因素	

表 4-6　其他因素

序　号	名　称	备　注
1	金属烟	—
2	井下不良作业条件	限于井下工人
3	刮研作业	限于手工刮研作业人员

第三节　化学因素接触限值

国家标准《工作场所有害因素职业接触限值　第 1 部分：化学有害因素》（GBZ 2.1—2007）和《工作场所有害因素职业接触限值　第 2 部分：物理因素》（GBZ 2.2—

2007）分别规定了化学有害因素和物理因素职业接触限值。

工作场所有害因素职业接触限值（occupational exposure limits，OELs）是指职业性有害因素的接触限制量值。也就是指劳动者在职业活动过程中长期反复接触，对绝大多数接触者的健康不引起有害作用的容许接触水平。

按 GBZ 2.1—2007 和 GBZ 2.2—2007 标准中规定，工作场所有害因素职业接触限值采用三种浓度表达方法：

（1）时间加权平均容许浓度（permissible concentration-time weighted average，PC-TWA）

以时间为权数规定的 8h 工作日、40h 工作周的平均容许接触浓度。

（2）短时间接触容许浓度（permissible concentration-short term exposure limit，PC-STEL）

在遵守 PC-TWA 前提下容许短时间（15min）接触的浓度。

（3）最高容许浓度（maximum allowable concentration，MAC）

在一个工作日内，任何时间、工作地点，有毒化学物质均不应超过的浓度。

GBZ 2.1—2007 和 GBZ 2.2—2007 标准中的有害因素职业接触限值用三种浓度表达，与《室内空气质量标准》（GB/T 18883）中污染物以唯一的量值表达的标准值有明显区别。在实施职业卫生监督检查，评价工作场所职业卫生状况或个人接触状况时，应正确运用时间加权平均容许浓度（PC-TWA）、短时间接触容许浓度（PC-STEL）或最高容许浓度（MAC）的职业接触限值，并按照有关标准的规定，进行空气采样、监测，以期正确地评价工作场所化学有害因素的污染状况和劳动者接触水平。

在《工作场所有害因素职业接触限值 第 1 部分：化学有害因素》（GBZ 2.1—2007）标准中规定了工作场所空气中的化学有害因素（chemical hazards）包括化学物质（339 项）、粉尘（47 项）和生物因素（2 项）的职业接触限值。化学有害因素职业接触限值包括时间加权平均容许浓度（PC-TWA）、短时间接触容许浓度（PC-STEL）和最高容许浓度（MAC）三类，是评价工作场所卫生状况和劳动条件以及劳动者接触化学因素程度的重要技术依据，也可用于评估生产装置泄漏情况，评价防护措施效果等。也是职业卫生监督管理部门实施职业卫生监督检查、职业卫生技术服务机构开展职业病危害评价的重要技术法规依据。

在 GBZ 2.1 标准中规定的工作场所化学有害因素的职业接触限值，适用于工业企业卫生设计及存在或产生化学有害因素的各类工作场所；适用于工作场所卫生状况、劳动条件、劳动者接触化学因素的程度、生产装置泄漏、防护措施效果的监测、评价、管理及职业卫生监督检查等。

职业卫生（occupational health）是指对工作场所内产生或存在的职业性有害因素及其健康损害进行识别、评估、预测和控制的一门科学，其目的是预防和保护劳动者免受职业性有害因素所致的健康影响和危险，使工作适应劳动者，促进和保障劳动者在职业活动中的身心健康和社会福利。

职业危害（occupational hazards）是指对从事职业活动的劳动者可能导致的工作有关疾病、职业病和伤害。

一、化学物质

工作场所空气中化学物质容许浓度见表 4-7。

表 4-7 工作场所空气中化学物质容许浓度

序　号	中文名	英文名	化学文摘号（CAS No.）	OELs（mg/m³）			备　注
				MAC	PC-TWA	PC-STEL	
1	安妥	Antu	86-88-4	—	0.3	—	—
2	氨	Ammonia	7664-41-7	—	20	30	—
3	2-氨基吡啶	2-Aminopyridine	504-29-0	—	2	—	皮
4	氨基磺酸铵	Ammonium sulfamate	7773-06-0	—	6	—	—
5	氨基氰	Cyanamide	420-04-2	—	2	—	—
6	奥克托今	Octogen	2691-41-0	—	2	4	—
7	巴豆醛	Crotonaldehyde	4170-30-3	12	—	—	—
8	百草枯	Paraquat	4685-14-7	—	0.5	—	—
9	百菌清	Chlorothalonile	1897-45-6	1	—	—	G2B
10	钡及其可溶性化合物（按 Ba 计）	Barium and soluble compounds, as Ba	7440-39-3（Ba）	—	0.5	1.5	—
11	倍硫磷	Fenthion	55-38-9	—	0.2	0.3	皮
12	苯	Benzene	71-43-2	—	6	10	皮，G1
13	苯胺	Aniline	62-53-3	—	3	—	皮
14	苯基醚（二苯醚）	Phenyl ether	101-84-8	—	7	14	—
15	苯硫磷	EPN	2104-64-5	—	0.5	—	皮
16	苯乙烯	Styrene	100-42-5	—	50	100	皮，G2B
17	吡啶	Pyridine	110-86-1	—	4	—	—
18	苄基氯	Benzyl chloride	100-44-7	5	—	—	G2A
19	丙醇	Propyl alcohol	71-23-8	—	200	300	—
20	丙酸	Propionic acid	79-09-4	—	30	—	—
21	丙酮	Acetone	67-64-1	—	300	450	—
22	丙酮氰醇（按 CN 计）	Acetone cyanohydrin, as CN	75-86-5	3	—	—	皮
23	丙烯醇	Allyl alcohol	107-18-6	—	2	3	皮
24	丙烯腈	Acrylonitrile	107-13-1	—	1	2	皮，G2B
25	丙烯醛	Acrolein	107-02-8	0.3	—	—	皮
26	丙烯酸	Acrylic acid	79-10-7	—	6	—	皮
27	丙烯酸甲酯	Methyl acrylate	96-33-3	—	20	—	皮，敏
28	丙烯酸正丁酯	*n*-Butyl acrylate	141-32-2	—	25	—	敏
29	丙烯酰胺	Acrylamide	79-06-1	—	0.3	—	皮，G2A
30	草酸	Oxalic acid	144-62-7	—	1	2	—

续表

序　号	中文名	英文名	化学文摘号（CAS No.）	OELs（mg/m³）			备注
				MAC	PC-TWA	PC-STEL	
31	重氮甲烷	Diazomethane	334-88-3	—	0.35	0.7	—
32	抽余油（60～220℃）	Raffinate（60～220℃）	—	—	300		—
33	臭氧	Ozone	10028-15-6	0.3	—		—
34	滴滴涕（DDT）	Dichlorodiphenyltrichloroethane（DDT）	50-29-3		0.2		G2B
35	敌百虫	Trichlorfon	52-68-6	—	0.5	1	—
36	敌草隆	Diuron	330-54-1	—	10		—
37	碲化铋（按 Bi_2Te_3 计）	Bismuth telluride，as Bi_2Te_3	1304-82-1		5		—
38	碘	Iodine	7553-56-2	1	—		—
39	碘仿	Iodoform	75-47-8		10		—
40	碘甲烷	Methyl iodide	74-88-4	—	10		皮
41	叠氮酸蒸气	Hydrazoic acid vapor	7782-79-8	0.2	—		—
42	叠氮化钠	Sodium azide	26628-22-8	0.3	—		—
43	丁醇	Butyl alcohol	71-36-3	—	100		—
44	1,3-丁二烯	1,3-Butadiene	106-99-0		5		G2A
45	丁醛	Butylaldehyde	123-72-8		5	10	—
46	丁酮	Methyl ethyl ketone	78-93-3		300	600	—
47	丁烯	Butylene	25167-67-3	—	100		—
48	毒死蜱	Chlorpyrifos	2921-88-2	—	0.2		皮
49	对苯二甲酸	Terephthalic acid	100-21-0	—	8	15	—
50	对二氯苯	p-Dichlorobenzene	106-46-7		30	60	G2B
51	对茴香胺	p-Anisidine	104-94-9		0.5		皮
52	对硫磷	Parathion	56-38-2		0.05	0.1	皮
53	对特丁基甲苯	p-Tert-butyltoluene	98-51-1		6		—
54	对硝基苯胺	p-Nitroaniline	100-01-6		3		皮
55	对硝基氯苯	p-Nitrochlorobenzene	100-00-5		0.6		皮
56	多次甲基多苯基多异氰酸酯	Polymetyhlene polyphenyl isocyanate（PMPPI）	57029-46-6	—	0.3	0.5	—
57	二苯胺	Diphenylamine	122-39-4	—	10		—
58	二苯基甲烷二异氰酸酯	Diphenylmethane diisocyanate	101-68-8	—	0.05	0.1	—
59	二丙二醇甲醚	Dipropylene glycol methyl ether	34590-94-8	—	600	900	皮
60	2-N-二丁氨基乙醇	2-N-Dibutylaminoethanol	102-81-8		4		皮

续表

序 号	中文名	英文名	化学文摘号 (CAS No.)	OELs (mg/m³)			备 注
				MAC	PC -TWA	PC -STEL	
61	二噁烷	1,4-Dioxane	123-91-1	—	70	—	皮，G2B
62	二氟氯甲烷	Chlorodifluoromethane	75-45-6	—	3500	—	—
63	二甲胺	Dimethylamine	124-40-3	—	5	10	—
64	二甲苯（全部异构体）	Xylene (all isomers)	1330-20-7； 95-47-6； 108-38-3	—	50	100	—
65	二甲基苯胺	Dimethylanilne	121-69-7	—	5	10	皮
66	1,3-二甲基丁基醋酸酯 （乙酸仲己酯）	1,3-Dimethylbutyl acetate (sec-hexylacetate)	108-84-9	—	300		—
67	二甲基二氯硅烷	Dimethyl dichlorosilane	75-78-5	2	—	—	—
68	二甲基甲酰胺	Dimethylformamide (DMF)	68-12-2	—	20		皮
69	3,3-二甲基联苯胺	3,3-Dimethylbenzidine	119-93-7	0.02	—	—	皮，G2B
70	N,N-二甲基乙酰胺	Dimethyl acetamide	127-19-5	—	20		皮
71	二聚环戊二烯	Dicyclopentadiene	77-73-6	—	25		—
72	二硫化碳	Carbon disulfide	75-15-0	—	5	10	皮
73	1,1-二氯-1-硝基乙烷	1,1-Dichloro-1-nitroethane	594-72-9	—	12	—	—
74	1,3-二氯丙醇	1,3-Dichloropropanol	96-23-1	—	5		皮
75	1,2-二氯丙烷	1,2-Dichloropropane	78-87-5	—	350	500	—
76	1,3-二氯丙烯	1,3-Dichloropropene	542-75-6	—	4	—	皮，G2B
77	二氯二氟甲烷	Dichlorodifluoromethane	75-71-8		5000		—
78	二氯甲烷	Dichloromethane	75-09-2		200	—	G2B
79	二氯乙炔	Dichloroacetylene	7572-29-4	0.4	—	—	—
80	1,2-二氯乙烷	1,2-Dichloroethane	107-06-2	—	7	15	G2B
81	1,2-二氯乙烯	1,2-Dichloroethylene	540-59-0		800	—	—
82	二缩水甘油醚	Diglycidyl ether	2238-07-5	—	0.5	—	—
83	二硝基苯 （全部异构体）	Dinitrobenzene (all isomers)	528-29-0； 99-65-0； 100-25-4	—	1	—	皮
84	二硝基甲苯	Dinitrotoluene	25321-14-6	—	0.2	—	皮,G2B （2,4-二硝 基甲苯； 2,6-二硝 基甲苯）

序 号	中文名	英文名	化学文摘号 (CAS No.)	OELs(mg/m³)			备 注
				MAC	PC-TWA	PC-STEL	
85	4,6-二硝基邻苯甲酚	4,6-Dinitro-o-cresol	534-52-1	—	0.2	—	皮
86	二硝基氯苯	Dinitrochlorobenzene	25567-67-3	—	0.6	—	皮
87	二氧化氮	Nitrogen dioxide	10102-44-0	—	5	10	—
88	二氧化硫	Sulfur dioxide	7446-09-5	—	5	10	—
89	二氧化氯	Chlorine dioxide	10049-04-4	—	0.3	0.8	—
90	二氧化碳	Carbon dioxide	124-38-9	—	9000	18000	—
91	二氧化锡(按 Sn 计)	Tin dioxide, as Sn	1332-29-2	—	2	—	—
92	2-二乙氨基乙醇	2-Diethylaminoethanol	100-37-8	—	50	—	皮
93	二亚乙基三胺	Diethylene triamine	111-40-0	—	4	—	皮
94	二乙基甲酮	Diethyl ketone	96-22-0	—	700	900	—
95	二乙烯基苯	Divinyl benzene	1321-74-0	—	50	—	—
96	二异丁基甲酮	Diisobutyl ketone	108-83-8	—	145		—
97	二异氰酸甲苯酯 (TDI)	Toluene-2,4 -diisocyanate (TDI)	584-84-9	—	0.1	0.2	敏,G2B
98	二月桂酸二丁基锡	Dibutyltin dilaurate	77-58-7	—	0.1	0.2	皮
99	钒及其化合物(按 V 计)	Vanadium and compounds, as V	7440-62-6 (V)				
	五氧化二钒烟尘	Vanadium pentoxide fume, dust		—	0.05	—	—
	钒铁合金尘	Ferrovanadium alloy dust			1		
100	酚	Phenol	108-95-2	—	10		皮
101	呋喃	Furan	110-00-9	—	0.5	—	G2B
102	氟化氢（按 F 计）	Hydrogen fluoride, as F	7664-39-3	2	—	—	—
103	氟化物（不含氟化氢） （按 F 计）	Fluorides (except HF), as F		—	2	—	—
104	锆及其化合物（按 Zr 计）	Zirconium and compounds, as Zr	7440-67-7 (Zr)	—	5	10	—
105	镉及其化合物（按 Cd 计）	Cadmium and compounds, as Cd	7440-43-9 (Cd)	—	0.01	0.02	G1
106	汞-金属汞（蒸气）	Mercury metal (vapor)	7439-97-6	—	0.02	0.04	皮
107	汞-有机汞化合物 （按 Hg 计）	Mercury organic compounds, as Hg	—	—	0.01	0.03	皮

续表

序号	中文名	英文名	化学文摘号 (CAS No.)	OELs（mg/m³）			备注
				MAC	PC -TWA	PC -STEL	
108	钴及其氧化物（按Co计）	Cobalt and oxides, as Co	7440-48-4 (Co)	—	0.05	0.1	G2B
109	光气	Phosgene	75-44-5	0.5	—	—	—
110	癸硼烷	Decaborane	17702-41-9	—	0.25	0.75	皮
111	过氧化苯甲酰	Benzoyl peroxide	94-36-0	—	5		—
112	过氧化氢	Hydrogen peroxide	7722-84-1	—	1.5		—
113	环己胺	Cyclohexylamine	108-91-8	—	10	20	—
114	环己醇	Cyclohexanol	108-93-0	—	100	—	皮
115	环己酮	Cyclohexanone	108-94-1	—	50		皮
116	环己烷	Cyclohexane	110-82-7	—	250		—
117	环氧丙烷	Propylene Oxide	75-56-9	—	5	—	敏，G2B
118	环氧氯丙烷	Epichlorohydrin	106-89-8	—	1	2	皮，G2A
119	环氧乙烷	Ethylene oxide	75-21-8	—	2		G1
120	黄磷	Yellow phosphorus	7723-14-0	—	0.05	0.1	—
121	己二醇	Hexylene glycol	107-41-5	100	—		—
122	1,6-己二异氰酸酯	Hexamethylene diisocyanate	822-06-0	—	0.03		—
123	己内酰胺	Caprolactam	105-60-2	—	5		—
124	2-己酮	2-Hexanone	591-78-6	—	20	40	皮
125	甲拌磷	Thimet	298-02-2	0.01	—	—	皮
126	甲苯	Toluene	108-88-3	—	50	100	皮
127	N-甲苯胺	N-Methyl aniline	100-61-8	—	2		皮
128	甲醇	Methanol	67-56-1	—	25	50	皮
129	甲酚（全部异构体）	Cresol（all isomers）	1319-77-3；95-48-7；108-39-4；106-44-5	—	10		皮
130	甲基丙烯腈	Methylacrylonitrile	126-98-7	—	3	—	皮
131	甲基丙烯酸	Methacrylic acid	79-41-4	—	70		—
132	甲基丙烯酸甲酯	Methyl methacrylate	80-62-6	—	100	—	敏
133	甲基丙烯酸缩水甘油酯	Glycidyl methacrylate	106-91-2	5			—
134	甲基肼	Methyl hydrazine	60-34-4	0.08	—	—	皮
135	甲基内吸磷	Methyl demeton	8022-00-2	—	0.2		皮
136	18-甲基炔诺酮（炔诺孕酮）	18-Methyl norgestrel	6533-00-2	—	0.5	2	—
137	甲硫醇	Methyl mercaptan	74-93-1	—	1	—	—

续表

序 号	中文名	英文名	化学文摘号 （CAS No.）	OELs（mg/m³）			备 注
				MAC	PC-TWA	PC-STEL	
138	甲醛	Formaldehyde	50-00-0	0.5	—	—	敏，G1
139	甲酸	Formic acid	64-18-6	—	10	20	—
140	甲氧基乙醇	2-Methoxyethanol	109-86-4	—	15	—	皮
141	甲氧氯	Methoxychlor	72-43-5	—	10	—	—
142	间苯二酚	Resorcinol	108-46-3	—	20	—	—
143	焦炉逸散物（按苯溶物计）	Coke oven emissions, as benzene soluble matter	—	—	0.1	—	G1
144	肼	Hydrazine	302-01-2	—	0.06	0.13	皮，G2B
145	久效磷	Monocrotophos	6923-22-4	—	0.1	—	皮
146	糠醇	Furfuryl alcohol	98-00-0	—	40	60	皮
147	糠醛	Furfural	98-01-1	—	5	—	皮
148	考的松	Cortisone	53-06-5	—	1	—	—
149	苦味酸	Picric acid	88-89-1	—	0.1	—	—
150	乐果	Rogor	60-51-5	—	1	—	皮
151	联苯	Biphenyl	92-52-4	—	1.5	—	—
152	邻苯二甲酸二丁酯	Dibutyl phthalate	84-74-2	—	2.5	—	—
153	邻苯二甲酸酐	Phthalic anhydride	85-44-9	1	—	—	敏
154	邻二氯苯	o-Dichlorobenzene	95-50-1	—	50	100	—
155	邻茴香胺	o-Anisidine	90-04-0	—	0.5	—	皮，G2B
156	邻氯苯乙烯	o-Chlorostyrene	2038-87-47	—	250	400	—
157	邻氯苄叉丙二腈	o-Chlorobenzylidene malononitrile	2698-41-1	0.4	—	—	皮
158	邻仲丁基苯酚	o-sec-Butylphenol	89-72-5	—	30	—	皮
159	磷胺	Phosphamidon	13171-21-6	—	0.02	—	皮
160	磷化氢	Phosphine	7803-51-2	0.3	—	—	—
161	磷酸	Phosphoric acid	7664-38-2	—	1	3	—
162	磷酸二丁基苯酯	Dibutyl phenyl phosphate	2528-36-1	—	3.5	—	皮
163	硫化氢	Hydrogen sulfide	7783-06-4	10	—	—	—
164	硫酸钡（按Ba计）	Barium sulfate, as Ba	7727-43-7	—	10	—	—
165	硫酸二甲酯	Dimethyl sulfate	77-78-1	—	0.5	—	皮，G2A
166	硫酸及三氧化硫	Sulfuric acid and sulfur trioxide	7664-93-9	—	1	2	G1
167	硫酰氟	Sulfuryl fluoride	2699-79-8	—	20	40	—

续表

序　号	中文名	英文名	化学文摘号（CAS No.）	OELs（mg/m³）			备　注
				MAC	PC -TWA	PC -STEL	
168	六氟丙酮	Hexafluoroacetone	684-16-2	—	0.5	—	皮
169	六氟丙烯	Hexafluoropropylene	116-15-4	—	4	—	—
170	六氟化硫	Sulfur hexafluoride	2551-62-4	—	6000	—	—
171	六六六	Hexachlorocyclohexane	608-73-1	—	0.3	0.5	G2B
172	γ-六六六	γ-Hexachlorocyclohexane	58-89-9	—	0.05	0.1	皮，G2B
173	六氯丁二烯	Hexachlorobutadine	87-68-3	—	0.2	—	皮
174	六氯环戊二烯	Hexachlorocyclopentadiene	77-47-4	—	0.1	—	—
175	六氯萘	Hexachloronaphthalene	1335-87-1	—	0.2	—	皮
176	六氯乙烷	Hexachloroethane	67-72-1	—	10	—	皮，G2B
177	氯	Chlorine	7782-50-5	1	—	—	—
178	氯苯	Chlorobenzene	108-90-7	—	50	—	—
179	氯丙酮	Chloroacetone	78-95-5	4	—	—	皮
180	氯丙烯	Allyl chloride	107-05-1	—	2	4	—
181	β-氯丁二烯	Chloroprene	126-99-8	—	4	—	皮，G2B
182	氯化铵烟	Ammonium chloride fume	12125-02-9	—	10	20	—
183	氯化苦	Chloropicrin	76-06-2	1	—	—	—
184	氯化氢及盐酸	Hydrogen chloride and chlorhydric acid	7647-01-0	7.5	—	—	—
185	氯化氰	Cyanogen chloride	506-77-4	0.75	—	—	—
186	氯化锌烟	Zinc chloride fume	7646-85-7	—	1	2	—
187	氯甲甲醚	Chloromethyl methyl ether	107-30-2	0.005	—	—	G1
188	氯甲烷	Methyl chloride	74-87-3	—	60	120	皮
189	氯联苯（54%氯）	Chlorodiphenyl（54%Cl）	11097-69-1	—	0.5	—	皮，G2A
190	氯萘	Chloronaphthalene	90-13-1	—	0.5	—	皮
191	氯乙醇	Ethylene chlorohydrin	107-07-3	2	—	—	皮
192	氯乙醛	Chloroacetaldehyde	107-20-0	3	—	—	—
193	氯乙酸	Chloroacetic acid	79-11-8	2	—	—	皮
194	氯乙烯	Vinyl chloride	75-01-4	—	10	—	G1
195	α-氯乙酰苯	α-Chloroacetophenone	532-27-4	—	0.3	—	皮
196	氯乙酰氯	Chloroacetyl chloride	79-04-9	—	0.2	0.6	皮
197	马拉硫磷	Malathion	121-75-5	—	2	—	皮
198	马来酸酐	Maleic anhydride	108-31-6	—	1	2	敏
199	吗啉	Morpholine	110-91-8	—	60	—	皮

序 号	中文名	英文名	化学文摘号 (CAS No.)	OELs（mg/m³）			备 注
				MAC	PC -TWA	PC -STEL	
200	煤焦油沥青挥发物（按苯溶物计）	Coal tar pitch volatiles, as Benzene soluble matters	65996-93-2	—	0.2	—	G1
201	锰及其无机化合物（按 MnO₂ 计）	Manganese and inorganic compounds, as MnO₂	7439-96-5 (Mn)		0.15		—
202	钼及其化合物（按 Mo 计）	Molybdeum and compounds, as Mo	7439-98-7 (Mo)				
	钼，不溶性化合物	Molybdeum and insoluble compounds		—	6		
	可溶性化合物	soluble compounds		—	4		
203	内吸磷	Demeton	8065-48-3	—	0.05	—	皮
204	萘	Naphthalene	91-20-3		50	75	皮，G2B
205	2-萘酚	2-Naphthol	2814-77-9	—	0.25	0.5	—
206	萘烷	Decalin	91-17-8	—	60	—	
207	尿素	Urea	57-13-6	—	5	10	
208	镍及其无机化合物（按 Ni 计）	Nickel and inorganic compounds, as Ni	7440-02-0 (Ni)				G1（镍化合物），G2B（金属镍和镍合金）
	金属镍与难溶性镍化合物	Nickel metal and insoluble compounds		—	1	—	
	可溶性镍化合物	Soluble nickel compounds			0.5	—	
209	铍及其化合物（按 Be 计）	Beryllium and compounds, as Be	7440-41-7 (Be)		0.0005	0.001	G1
210	偏二甲基肼	Unsymmetric dimethylhydrazine	57-14-7		0.5	—	皮，G2B
211	铅及其无机化合物（按 Pb 计）	Lead and inorganic Compounds, as Pb	7439-92-1 (Pb)				G2B（铅），G2A（铅无机物）
	铅尘	Lead dust		—	0.05	—	
	铅烟	Lead fume			0.03		
212	氢化锂	Lithium hydride	7580-67-8	—	0.025	0.05	—
213	氢醌	Hydroquinone	123-31-9	—	1	2	—
214	氢氧化钾	Potassium hydroxide	1310-58-3	2	—	—	—
215	氢氧化钠	Sodium hydroxide	1310-73-2	2	—	—	—
216	氢氧化铯	Cesium hydroxide	21351-79-1		2	—	—
217	氰氨化钙	Calcium cyanamide	156-62-7	—	1	3	—
218	氰化氢（按 CN 计）	Hydrogen cyanide, as CN	74-90-8	1	—	—	皮

续表

序　号	中文名	英文名	化学文摘号（CAS No.）	OELs（mg/m³）			备　注
				MAC	PC-TWA	PC-STEL	
219	氰化物（按CN计）	Cyanides，as CN	460-19-5（CN）	1	—	—	皮
220	氰戊菊酯	Fenvalerate	51630-58-1	—	0.05	—	皮
221	全氟异丁烯	Perfluoroisobutylene	382-21-8	0.08	—	—	
222	壬烷	Nonane	111-84-2	—	500	—	
223	溶剂汽油	Solvent gasolines	—	—	300	—	
224	乳酸正丁酯	n-Butyl lactate	138-22-7	—	25	—	
225	三次甲基三硝基胺（黑索今）	Cyclonite（RDX）	121-82-4	—	1.5	—	皮
226	三氟化氯	Chlorine trifluoride	7790-91-2	0.4	—	—	
227	三氟化硼	Boron trifluoride	7637-07-2	3	—	—	
228	三氟甲基次氟酸酯	Trifluoromethyl hypofluorite	—	0.2	—	—	
229	三甲苯磷酸酯	Tricresyl phosphate	1330-78-5	—	0.3	—	皮
230	1,2,3-三氯丙烷	1,2,3-Trichloropropane	96-18-4	—	60	—	皮，G2A
231	三氯化磷	Phosphorus trichloride	7719-12-2	—	1	2	—
232	三氯甲烷	Trichloromethane	67-66-3	—	20	—	G2B
233	三氯硫磷	Phosphorous thiochloride	3982-91-0	0.5	—	—	—
234	三氯氢硅	Trichlorosilane	10025-28-2	3	—	—	—
235	三氯氧磷	Phosphorus oxychloride	10025-87-3	—	0.3	0.6	—
236	三氯乙醛	Trichloroacetaldehyde	75-87-6	3	—	—	—
237	1,1,1-三氯乙烷	1,1,1-trichloroethane	71-55-6	—	900	—	—
238	三氯乙烯	Trichloroethylene	79-01-6	—	30	—	G2A
239	三硝基甲苯	Trinitrotoluene	118-96-7	—	0.2	0.5	皮
240	三氧化铬、铬酸盐、重铬酸盐（按Cr计）	Chromium trioxide, chromate, dichromate, as Cr	7440-47-3（Cr）	—	0.05	—	G1
241	三乙基氯化锡	Triethyltin chloride	994-31-0	—	0.05	0.1	皮
242	杀螟松	Sumithion	122-14-5	—	1	2	皮
243	砷化氢（胂）	Arsine	7784-42-1	0.03	—	—	G1
244	砷及其无机化合物（按As计）	Arsenic and inorganic compounds, as As	7440-38-2（As）	—	0.01	0.02	G1
245	升汞（氯化汞）	Mercuric chloride	7487-94-7	—	0.025	—	—
246	石蜡烟	Paraffin wax fume	8002-74-2	—	2	4	—
247	石油沥青烟（按苯溶物计）	Asphalt (petroleum) fume, as benzene soluble matter	8052-42-4	—	5	—	G2B

序　号	中文名	英文名	化学文摘号 (CAS No.)	OELs（mg/m³）			备　注
				MAC	PC -TWA	PC -STEL	
248	双（巯基乙酸）二辛基锡	Bis（marcaptoacetate）dioctyltin	26401-97-8	—	0.1	0.2	—
249	双丙酮醇	Diacetone alcohol	123-42-2	—	240	—	—
250	双硫醒	Disulfiram	97-77-8		2		
251	双氯甲醚	Bis（chloromethyl）ether	542-88-1	0.005	—	—	G1
252	四氯化碳	Carbon tetrachloride	56-23-5	—	15	25	皮，G2B
253	四氯乙烯	Tetrachloroethylene	127-18-4		200	—	G2A
254	四氢呋喃	Tetrahydrofuran	109-99-9		300		—
255	四氢化锗	Germanium tetrahydride	7782-65-2		0.6		—
256	四溴化碳	Carbon tetrabromide	558-13-4		1.5	4	
257	四乙基铅（按 Pb 计）	Tetraethyl lead, as Pb	78-00-2		0.02		皮
258	松节油	Turpentine	8006-64-2	—	300		—
259	铊及其可溶性化合物（按 Tl 计）	Thallium and soluble compounds, as Tl	7440-28-0 （Tl）	—	0.05	0.1	皮
260	钽及其氧化物（按 Ta 计）	Tantalum and oxide, as Ta	7440-25-7 （Ta）	—	5		—
261	碳酸钠（纯碱）	Sodium carbonate	3313-92-6		3	6	
262	羰基氟	Carbonyl fluoride	353-50-4		5	10	—
263	羰基镍（按 Ni 计）	Nickel carbonyl, as Ni	13463-39-3	0.002	—	—	G1
264	锑及其化合物（按 Sb 计）	Antimony and compounds, as Sb	7440-36-0 （Sb）		0.5		
265	铜（按 Cu 计） 铜尘 铜烟	Copper, as Cu Copper dust Copper fume	7440-50-8	—	1 0.2		—
266	钨及其不溶性化合物（按 W 计）	Tungsten and insoluble compounds, as W	7440-33-7 （W）		5	10	—
267	五氟氯乙烷	Chloropentafluoroethane	76-15-3		5000	—	
268	五硫化二磷	Phosphorus pentasulfide	1314-80-3	—	1	3	—
269	五氯酚及其钠盐	Pentachlorophenol and sodium salts	87-86-5	—	0.3	—	皮
270	五羰基铁（按 Fe 计）	Iron pentacarbonyl, as Fe	13463-40-6	—	0.25	0.5	—
271	五氧化二磷	Phosphorus pentoxide	1314-56-3	1	—	—	
272	戊醇	Amyl alcohol	71-41-0	—	100	—	—

续表

序　号	中文名	英文名	化学文摘号（CAS No.）	OELs（mg/m³） MAC	OELs（mg/m³） PC-TWA	OELs（mg/m³） PC-STEL	备　注
273	戊烷（全部异构体）	Pentane (all isomers)	78-78-4；109-66-0；463-82-1	—	500	1000	—
274	硒化氢（按 Se 计）	Hydrogen selenide, as Se	7783-07-5	—	0.15	0.3	—
275	硒及其化合物（按 Se 计）（不包括六氟化硒、硒化氢）	Selenium and compounds, as Se (except hexafluoride, hydrogen selenide)	7782-49-2（Se）	—	0.1	—	—
276	纤维素	Cellulose	9004-34-6	—	10	—	—
277	硝化甘油	Nitroglycerine	55-63-0	1	—	—	皮
278	硝基苯	Nitrobenzene	98-95-3	—	2	—	皮，G2B
279	1- 硝基丙烷	1-Nitropropane	108-03-2	—	90	—	—
280	2- 硝基丙烷	2-Nitropropane	79-46-9	—	30	—	G2B
281	硝基甲苯（全部异构体）	Nitrotoluene (all isomers)	88-72-2；99-08-1；99-99-0	—	10	—	皮
282	硝基甲烷	Nitromethane	75-52-5	—	50	—	G2B
283	硝基乙烷	Nitroethane	79-24-3	—	300	—	—
284	辛烷	Octane	111-65-9	—	500	—	—
285	溴	Bromine	7726-95-6	—	0.6	2	—
286	溴化氢	Hydrogen bromide	10035-10-6	10	—	—	—
287	溴甲烷	Methyl bromide	74-83-9	—	2	—	皮
288	溴氰菊酯	Deltamethrin	52918-63-5	—	0.03	—	—
289	氧化钙	Calcium oxide	1305-78-8	—	2	—	—
290	氧化镁烟	Magnesium oxide fume	1309-48-4	—	10	—	—
291	氧化锌	Zinc oxide	1314-13-2	—	3	5	—
292	氧乐果	Omethoate	1113-02-6	—	0.15	—	皮
293	液化石油气	Liquified petroleum gas (L. P. G.)	68476-85-7	—	1000	1500	—
294	一甲胺	Monomethylamine	74-89-5	—	5	10	—
295	一氧化氮	Nitric oxide (Nitrogen monoxide)	10102-43-9	—	15	—	—
296	一氧化碳　非高原　高原　海拔 2000～3000m　海拔＞3000m	Carbon monoxide not in high altitude area In high altitude area 2000～3000m ＞3000m	630-08-0	—　　20　15	20	30	—

续表

序号	中文名	英文名	化学文摘号 (CAS No.)	OELs (mg/m³)			备注
				MAC	PC-TWA	PC-STEL	
297	乙胺	Ethylamine	75-04-7	—	9	18	皮
298	乙苯	Ethyl benzene	100-41-4	—	100	150	G2B
299	乙醇胺	Ethanolamine	141-43-5	—	8	15	—
300	乙二胺	Ethylenediamine	107-15-3	—	4	10	皮
301	乙二醇	Ethylene glycol	107-21-1	—	20	40	—
302	乙二醇二硝酸酯	Ethylene glycol dinitrate	628-96-6	—	0.3	—	皮
303	乙酐	Acetic anhydride	108-24-7	—	16	—	—
304	N-乙基吗啉	N-Ethylmorpholine	100-74-3	—	25	—	皮
305	乙基戊基甲酮	Ethyl amyl ketone	541-85-5	—	130	—	—
306	乙腈	Acetonitrile	75-05-8	—	30	—	皮
307	乙硫醇	Ethyl mercaptan	75-08-1	—	1	—	—
308	乙醚	Ethyl ether	60-29-7	—	300	500	—
309	乙硼烷	Diborane	19287-45-7	—	0.1	—	—
310	乙醛	Acetaldehyde	75-07-0	45	—	—	G2B
311	乙酸	Acetic acid	64-19-7	—	10	20	—
312	2-甲氧基乙基乙酸酯	2-Methoxyethyl acetate	110-49-6	—	20	—	皮
313	乙酸丙酯	Propyl acetate	109-60-4	—	200	300	—
314	乙酸丁酯	Butyl acetate	123-86-4	—	200	300	—
315	乙酸甲酯	Methyl acetate	79-20-9	—	200	500	—
316	乙酸戊酯（全部异构体）	Amyl acetate (all isomers)	628-63-7	—	100	200	—
317	乙酸乙烯酯	Vinyl acetate	108-05-4	—	10	15	G2B
318	乙酸乙酯	Ethyl acetate	141-78-6	—	200	300	—
319	乙烯酮	Ketene	463-51-4	—	0.8	2.5	—
320	乙酰甲胺磷	Acephate	30560-19-1	—	0.3	—	皮
321	乙酰水杨酸（阿司匹林）	Acetylsalicylic acid (aspirin)	50-78-2	—	5	—	—
322	2-乙氧基乙醇	2-Ethoxyethanol	110-80-5	—	18	36	皮
323	2-乙氧基乙基乙酸酯	2-Ethoxyethyl acetate	111-15-9	—	30	—	皮
324	钇及其化合物（按Y计）	Yttrium and compounds (as Y)	7440-65-5	—	1	—	—
325	异丙胺	Isopropylamine	75-31-0	—	12	24	—
326	异丙醇	Isopropyl alcohol (IPA)	67-63-0	—	350	700	—
327	N-异丙基苯胺	N-Isopropylaniline	768-52-5	—	10	—	皮
328	异稻瘟净	Kitazin o-p	26087-47-8	—	2	5	皮

续表

序　号	中文名	英文名	化学文摘号（CAS No.）	OELs（mg/m³） MAC	OELs（mg/m³） PC-TWA	OELs（mg/m³） PC-STEL	备　注
329	异佛尔酮	Isophorone	78-59-1	30	—	—	—
330	异佛尔酮二异氰酸酯	Isophorone diisocyanate （IPDI）	4098-71-9	—	0.05	0.1	—
331	异氰酸甲酯	Methyl isocyanate	624-83-9	—	0.05	0.08	皮
332	异亚丙基丙酮	Mesityl oxide	141-79-7		60	100	—
333	铟及其化合物（按 In 计）	Indium and compounds, as In	7440-74-6 （In）	—	0.1	0.3	—
334	茚	Indene	95-13-6		50		—
335	正丁胺	n-butylamine	109-73-9	15	—	—	皮
336	正丁基硫醇	n-butyl mercaptan	109-79-5		2		—
337	正丁基缩水甘油醚	n-butyl glycidyl ether	2426-08-6		60		—
338	正庚烷	n-Heptane	142-82-5		500	1000	—
339	正己烷	n-Hexane	110-54-3	—	100	180	皮

注：1. 备注中（皮）的说明详见附注 1；2. 备注中（敏）的说明详见附注 2；3. 备注中（G1）、（G2A）、（G2B）的说明详见附注 3

二、粉尘

总粉尘和呼吸性粉尘的接触浓度以时间加权平均容许浓度（PC-TWA）表示。

（1）总粉尘（total dust）是指可进入整个呼吸道（鼻、咽和喉、胸腔支气管、细支气管和肺泡）的粉尘，简称总尘。技术上系用总粉尘采样器按标准方法在呼吸带测得的所有粉尘。

（2）呼吸性粉尘（respirable dust）是指按呼吸性粉尘标准测定方法所采集的可进入肺泡的粉尘粒子，其空气动力学直径均在 7.07μm 以下，空气动力学直径 5μm 粉尘粒子的采样效率为 50%，简称呼尘。工作场所空气中粉尘容许浓度，见表 4-8。

表 4-8　工作场所空气中粉尘容许浓度

序　号	中文名	英文名	化学文摘号（CAS No.）	PC-TWA（mg/m³） 总尘	PC-TWA（mg/m³） 呼尘	备　注
1	白云石粉尘	Dolomite dust	—	8	4	—
2	玻璃钢粉尘	Fiberglass reinforced plastic dust	—	3		—
3	茶尘	Tea dust	—	2		—
4	沉淀 SiO₂（白炭黑）	Precipitated silica dust	112926-00-8	5		—
5	大理石粉尘	Marble dust	1317-65-3	8	4	—
6	电焊烟尘	Welding fume		4		G2B

续表

序　号	中文名	英文名	化学文摘号（CAS No.）	PC-TWA（mg/m³）		备　注
				总尘	呼尘	
7	二氧化钛粉尘	Titanium dioxide dust	13463-67-7	8	—	—
8	沸石粉尘	Zeolite dust	—	5	—	—
9	酚醛树脂粉尘	Phenolic aldehyde resin dust	—	6	—	—
10	谷物粉尘（游离 SiO₂ 含量<10%）	Grain dust（free SiO₂<10%）	—	4	—	—
11	硅灰石粉尘	Wollastonite dust	13983-17-0	5	—	—
12	硅藻土粉尘（游离 SiO₂ 含量<10%）	Diatomite dust（free SiO₂<10%）	61790-53-2	6	—	—
13	滑石粉尘（游离 SiO₂ 含量<10%）	Talc dust（free SiO₂<10%）	14807-96-6	3	1	—
14	活性炭粉尘	Active carbon dust	64365-11-3	5	—	—
15	聚丙烯粉尘	Polypropylene dust	—	5	—	—
16	聚丙烯腈纤维粉尘	Polyacrylonitrile fiber dust	—	2	—	—
17	聚氯乙烯粉尘	Polyvinyl chloride (PVC) dust	9002-86-2	5	—	—
18	聚乙烯粉尘	Polyethylene dust	9002-88-4	5	—	—
19	铝尘　铝金属、铝合金粉尘　氧化铝粉尘	Aluminum dust：Metal & alloys dust　Aluminium oxide dust	7429-90-5	3　　4	—	—
20	麻尘（游离 SiO₂ 含量<10%）　亚麻　黄麻　苎麻	Flax, jute and ramie dusts（free SiO₂<10%）　Flax　Jute　Ramie	—	1.5　2　3	—	—
21	煤尘（游离 SiO₂ 含量<10%）	Coal dust（free SiO₂<10%）	—	4	2.5	—
22	棉尘	Cotton dust	—	1	—	—
23	木粉尘	Wood dust	—	3	—	G1
24	凝聚 SiO₂ 粉尘	Condensed silica dust	—	1.5	0.5	—
25	膨润土粉尘	Bentonite dust	1302-78-9	6	—	—
26	皮毛粉尘	Fur dust	—	8	—	—
27	人造玻璃质纤维　玻璃棉粉尘　矿渣棉粉尘　岩棉粉尘	Man-made vitreous fiber　Fibrous glass dust　Slag wool dust　Rock wool dust	—	3　3　3	—	—
28	桑蚕丝尘	Mulberry silk dust	—	8	—	—
29	砂轮磨尘	Grinding wheel dust	—	8	—	—

续表

序　号	中文名	英文名	化学文摘号（CAS No.）	PC-TWA（mg/m³）		备　注
				总尘	呼尘	
30	石膏粉尘	Gypsum dust	10101-41-4	8	4	—
31	石灰石粉尘	Limestone dust	1317-65-3	8	4	—
32	石棉（石棉含量＞10％） 粉尘 纤维	Asbestos（Asbestos＞10％） dust Asbestos fibre	1332-21-4	0.8 0.8f/mL	— —	G1
33	石墨粉尘	Graphite dust	7782-42-5	4	2	—
34	水泥粉尘 （游离 SiO₂含量＜10％）	Cement dust (free SiO₂＜10％)	—	4	1.5	—
35	炭黑粉尘	Carbon black dust	1333-86-4	4		G2B
36	碳化硅粉尘	Silicon carbide dust	409-21-2	8	4	—
37	碳纤维粉尘	Carbon fiber dust	—	3		—
38	矽尘 10％≤游离 SiO₂含量≤50％ 50％＜游离 SiO₂含量≤80％ 游离 SiO₂含量＞80％	Silica dust 10％≤free SiO₂≤50％ 50％＜free SiO₂≤80％ free SiO₂＞80％	14808-60-7	1 0.7 0.5	0.7 0.3 0.2	G1(结晶型)
39	稀土粉尘 （游离 SiO₂含量＜10％）	Rare-earth dust (free SiO₂＜10％)	—	2.5	—	—
40	洗衣粉混合尘	Detergent mixed dust	—	1		—
41	烟草尘	Tobacco dust	—	2		—
42	萤石混合性粉尘	Fluorspar mixed dust	—	1	0.7	—
43	云母粉尘	Mica dust	12001-26-2	2	1.5	—
44	珍珠岩粉尘	Perlite dust	93763-70-3	8	4	—
45	蛭石粉尘	Vermiculite dust	—	3		—
46	重晶石粉尘	Barite dust	7727-43-7	5		—
47	其他粉尘[a]	Particles not otherwise regulated	—	8		—

a：指游离 SiO₂低于 10％，不含石棉和有毒物质，而尚未制定容许浓度的粉尘。表中列出的各种粉尘（石棉纤维尘除外），凡游离 SiO₂高于 10％者，均按矽尘容许浓度对待

注：备注中（G1）、（G2B）的说明详见附注3。

三、生物因素

工作场所空气中的生物因素容许浓度，见表4-9。

表 4-9 工作场所空气中的生物因素容许浓度

序 号	中文名	英文名	化学文摘号（CAS No.）	OELs			备 注
				MAC	PC-TWA	PC-STEL	
1	白僵蚕孢子	Beauveria bassiana	—	6×10^7（孢子数/m³）			
2	枯草杆菌蛋白酶	Subtilisins	1395-21-7；9014-01-1	—	15ng/m³	30ng/m³	敏

注：备注中（敏）的说明详见附注2。

四、超限倍数

超限倍数（excursion limits）对未制定 PC-STEL 的化学有害因素，在符合 8h 时间加权平均容许浓度的情况下，任何一次短时间（15min）接触的浓度均不应超过的 PC-TWA 的倍数值。

对于粉尘和未制定 PC-STEL 的化学物质，采用超限倍数控制其短时间接触水平的过高波动。在符合 PC-TWA 的前提下，粉尘的超限倍数是 PC-TWA 的 2 倍；化学物质的超限倍数见表 4-10。

表 4-10 化学物质超限倍数与 PC-TWA 的关系

PC-TWA（mg/m³）	最大超限倍数
PC-TWA＜1	3
1≤PC-TWA＜10	2.5
10≤PC-TWA＜100	2.0
PC-TWA≥100	1.5

附注：

（1）在备注栏内标有（皮）的物质（如有机磷酸酯类化合物，芳香胺，苯的硝基、氨基化合物等），表示可因皮肤、黏膜和眼睛直接接触蒸气、液体和固体，通过完整的皮肤吸收引起全身效应。使用（皮）的标识旨在提示即使空气中化学物质浓度等于或低于 PC-TWA 时，通过皮肤接触也可引起过量接触。对于那些标有（皮）标识且 OELs 低的物质，在接触高浓度，特别是在皮肤大面积、长时间接触的情况下，需采取特殊预防措施减少或避免皮肤直接接触。当难以准确定量接触程度时，也必须采取措施预防皮肤的大量吸收。对化学物质标识（皮）并未考虑该化学物质引起刺激、皮炎和致敏作用的特性，对那些可引起刺激或腐蚀效应但没有全身毒性的化学物质也未标以（皮）的标识。患有皮肤病时可明显影响皮肤吸收。

（2）在备注栏内标有（敏），是指已被人或动物资料证实该物质可能有致敏作用，但并不表示致敏作用是制定 PC-TWA 所依据的关键效应，也不表示致敏效应是制定 PC-TWA 的唯一依据。使用（敏）的标识不能明显区分所致敏的器官系统，未标注（敏）标识的物质并不表示该物质没有致敏能力，只反映目前尚缺乏科学证据或尚未定论。使用（敏）的标识旨在保护劳动者避免诱发致敏效应，但不保护那些已经致敏的劳动者。减少对致敏物及其结构类似物的接触，可减少个体过敏反应的发生率。对某些敏感的个体，防止其特异性免疫反应的唯一方法是完全避免接触致敏物及其结构类似物。应通过工程控制措施和个人防护用品以有效地减少或消除接触。对工作中接触已知致敏物的劳动者，必须进行教育和培训（如检查潜在的健康效应、安全操作规程及应急知识）。应通过上岗前体检和定期健康监护，尽早发现特异易感者，及时调离接触。

（3）致癌性标识按国际癌症研究中心（IARC）分级，在备注栏内用（G1）、（G2A）、（G2B）标识，作为参考性资料。化学物质的致癌性证据来自流行病学、毒理学和机理研究。国际癌症研究中心（IARC）将潜在化学致癌性物质分类为：G1 表示确认人类致癌物（carcinogenic to humans）；G2A 表示可能人类致癌物（probably carcinogenic to humans）；G2B 表示可疑人类致癌物（possibly carcinogenic to humans）；G3 表示对人及动物致癌性证据不足（not calssifiable as to carcinogenicity to humans）和 G4 表示未列为人类致癌物（probably not carcinogenic to humans）。本标准引用国际癌症组织（IARC）的致癌性分级标识 G1、G2A、G2B，作为职业病危害预防控制的参考。对于标有致癌性标识的化学物质，应采用技术措施与个人防护，减少接触机会，尽可能保持最低接触水平。

（4）有害因素职业接触限值是基于科学性和可行性制定的，所规定的限值不能理解为安全与危险程度的精确界限，也不能简单地用以判断化学物质毒性等级。

五、监测检测方法

工作场所有害物质的采样和测定，详见第四篇第二章化学因素检测方法。在无上述规定时，也可用国内外公认的测定方法执行。

六、职业接触限值（OELs）的应用

1. PC-TWA 的应用

8h 时间加权平均容许浓度（PC-TWA）是评价工作场所环境卫生状况和劳动者接触水平的主要指标。职业病危害控制效果评价，如建设项目竣工验收，定期危害评价，系统接触评估，因生产工艺、原材料、设备等发生改变需要对工作环境影响重新进行评价时，尤应着重进行 TWA 的检测、评价。

个体检测是测定 TWA 比较理想的方法，尤其适用于评价劳动者实际接触状况，是工作场所化学有害因素职业接触限值的主体性限值。

定点检测也是测定 TWA 的一种方法，要求采集一个工作日内某一工作地点，各时段的样品，按各时段的持续接触时间与其相应浓度乘积之和除以 8，得出 8h 工作日的时间加权平均浓度（TWA）。定点检测除了反映个体接触水平，也适用评价工作场所环境的卫生状况。

定点检测可按式（4-1）计算出时间加权平均浓度：

$$C_{TWA} = (C_1 T_1 + C_2 T_2 + \cdots + C_n T_n)/8 \qquad (4-1)$$

式中　　C_{TWA}——8h 工作日接触化学有害因素的时间加权平均浓度，mg/m^3；

　　　　8——一个工作日的工作时间，h，工作时间不足 8h 者，仍以 8h 计；

C_1，C_2，…，C_n——T_1，T_2，…，T_n 时间段接触的相应浓度；

T_1，T_2，…，T_n——C_1，C_2，…，C_n 浓度下相应的持续接触时间。

示例

例 1：乙酸乙酯的 PC-TWA 为 $200mg/m^3$，劳动者接触状况为：$400mg/m^3$，接触 3h；$160mg/m^3$，接触 2h；$120mg/m^3$，接触 3h。

按式（4-1）计算：

$$C_{TWA} = （400×3+160×2+120×3）÷8=235mg/m^3$$

结果判定：

$235mg/m^3 > 200mg/m^3$，超过该物质的 PC-TWA。

例 2：同样是乙酸乙酯，若劳动者接触状况为：$300mg/m^3$，接触 2h；$200mg/m^3$，接触 2h；$180mg/m^3$，接触 2h；不接触，2h。

按式（4-1）计算：

$$C_{TWA} = （300×2+200×2+180×2+0×2）÷8=170mg/m^3$$

结果判定：

$170mg/m^3 < 200mg/m^3$，则未超过该物质的 PC-TWA。

2. PC-STEL 的应用

（1）PC-STEL 是与 PC-TWA 相配套的短时间接触限值，可视为对 PC-TWA 的补充。只用于短时间接触较高浓度可导致刺激、窒息、中枢神经抑制等急性作用，及其慢性不可逆性组织损伤的化学物质。

（2）在遵守 PC-TWA 的前提下，PC-STEL 水平的短时间接触不引起：①刺激作用；②慢性或不可逆性损伤；③存在剂量-接触次数依赖关系的毒性效应；④麻醉程度足以导致事故率升高、影响逃生和降低工作效率。即使当日的 TWA 符合要求时，短时间接触浓度也不应超过 PC-STEL。当接触浓度超过 PC-TWA，达到 PC-STEL 水平时，一次持续接触时间不应超过 15min，每个工作日接触次数不应超过 4 次，相继接触的间隔时间不应短于 60min。

（3）对制定有 PC-STEL 的化学物质进行监测和评价时，应了解现场浓度波动情况，在浓度最高的时段按采样规范和标准检测方法进行采样和检测。

3. MAC 的应用

MAC 主要是针对具有明显刺激、窒息或中枢神经系统抑制作用，可导致严重急性损害的化学物质而制定的不应超过的最高容许接触限值，即任何情况都不容许超过的限值。最高浓度的检测应在了解生产工艺过程的基础上，根据不同工种和操作地点采集能够代表最高瞬间浓度的空气样品再进行检测。

4. 超限倍数的应用

超限倍数（excursion limits）是对许多有 PC-TWA 尚未制定 PC-STEL 的化学有害因素。对于粉尘和未制定 PC-STEL 的化学物质，即使其 8h TWA 没有超过 PC-TWA，也应控制其漂移上限。因此，可采用超限倍数控制其短时间（15min）接触水平的过高波动。超限倍数所对应的浓度是短时间接触浓度，采样和检测方法同 PC-STEL。

示例

例 1：三氯乙烯的 PC-TWA 为 $30mg/m^3$，查表 4-10，其超限倍数为 2。测得短时间（15min）接触浓度为 $100mg/m^3$，是 PC-TWA 的 3.3 倍，>2，不符合超限倍数要求。

例 2：己内酰胺的 PC-TWA 为 $5mg/m^3$，查表 4-10，其超限倍数为 2.5。测得短时间（15min）接触浓度为 $12mg/m^3$，是 PC-TWA 的 2.4 倍，<2.5，符合超限倍数要求。

例 3：石墨粉尘的 PC-TWA 为 4mg/m³（总尘）和 2mg/m³（呼尘），其超限倍数为 2。测得总尘和呼尘的短时间（15min）接触浓度分别为 19mg/m³ 和 9mg/m³，分别是 PC-TWA 的 2.375 倍和 2.25 倍，均＞2，不符合超限倍数要求。

例 4：煤尘的 PC-TWA 为 4mg/m³（总尘）和 2.5mg/m³（呼尘），其超限倍数为 2。测得总尘和呼尘的短时间（15min）接触浓度分别为 8mg/m³ 和 5mg/m³，分别是相应 PC-TWA 的 2 倍，均≤2 倍的 PC-TWA，符合超限倍数要求。

5. 粉尘 PC-TWA

对分别制定了总粉尘和呼吸性粉尘 PC-TWA 的粉尘，应同时测定总粉尘和呼吸性粉尘的时间加权平均浓度。按照 BMRC（British Medical Research Council，BMRC）分离曲线要求，呼尘的 d_{ae} 均在 $7.07\mu m$ 以下，其中 d_{ae} $5\mu m$ 粉尘粒子的采样效率为 50%。

6. 浓度各自表达方式

当工作场所中存在两种或两种以上化学物质时，若缺乏联合作用的毒理学资料，应分别测定各化学物质的浓度，并按各个物质的职业接触限值进行评价。

7. 浓度叠加的计算与评定

当两种或两种以上有毒物质共同作用于同一器官、系统或具有相似的毒性作用（如刺激作用等），或已知这些物质可产生相加作用时，则应按式（4-2）计算结果，进行评价：

$$C_1/L_1 + C_2/L_2 + \cdots + C_n/L_n = 1 \tag{4-2}$$

式中　C_1，C_2，$\cdots$，C_n——各化学物质所测得的浓度；

　　　L_1，L_2，$\cdots$，L_n——各化学物质相应的容许浓度限值。

据此算出的比值≤1 时，表示未超过接触限值，符合卫生要求；反之，当比值＞1 时，表示超过接触限值，则不符合卫生要求。

第四节　物理因素接触限值及测量方法

《工作场所有害因素职业接触限值　第 2 部分：物理因素》（GBZ 2.2—2007）规定了工作场所物理因素职业接触限值。该标准适用于存在或产生物理因素的各类工作场所，适用于工作场所卫生状况、劳动条件、劳动者接触物理因素的程度、生产装置泄漏、防护措施效果的监测、评价、管理、工业企业卫生设计及职业卫生监督检查等。

物理因素职业接触限值仅包括时间加权平均容许限值（PC—TWA）和最高容许限值（MAC）。

工作场所物理因素的测量方法，按《工作场所物理因素测量》（GBZ/T 189）规定的测量方法进行测量。

第 1 部分：超高频辐射；

第 2 部分：高频电磁场；

第 3 部分：1Hz～100kHz 电场和磁场；

第 4 部分：激光辐射；

第5部分：微波辐射；

第6部分：紫外辐射；

第7部分：高温；

第8部分：噪声；

第9部分：手传振动；

第10部分：体力劳动强度分级；

第11部分：体力劳动时的心率。

一、超高频辐射

超高频辐射（ultra high frequency radiation）又称超短波，指频率为30～300MHz（相应波长为10～1m）的电磁辐射，包括脉冲波和连续波。脉冲波（pulse wave）是指以脉冲调制所产生的超高频辐射；连续波（continuous wave）是指以连续振荡所产生的超高频辐射。

1. 接触限值

一个工作日内超高频辐射职业接触限值，见表4-11。

表4-11　工作场所超高频辐射职业接触限值

接触时间	连续波		脉冲波	
	功率密度（mW/cm^2）	电场强度（V/m）	功率密度（mW/cm^2）	电场强度（V/m）
8h	0.05	14	0.025	10
4h	0.1	19	0.05	14

2. 测量方法

按《工作场所物理因素测量　第1部分：超高频辐射》（GBZ/T 189.1—2007）规定的方法测量。

二、高频电磁场

高频电磁场（high frequency electromagnetic field）是指频率为100kHz～30MHz，相应波长为3km～10m范围的电磁场。

1. 接触限值

8h高频电磁场职业接触限值，见表4-12。

表4-12　工作场所高频电磁场职业接触限值

频率（MHz）	电场强度（V/m）	磁场强度（A/m）
$0.1 \leqslant f \leqslant 3.0$	50	5
$3.0 < f \leqslant 30$	25	—

2. 测量方法

按《工作场所物理因素测量　第2部分：高频电磁场》（GBZ/T 189.2—2007）规定的方法测量。

三、工频电场

工频电场（power frequency electric field）是指频率为 50Hz 的极低频电场。

1. 接触限值

8h 工作场所工频电场职业接触限值，见表 4-13。

表 4-13 工作场所工频电场职业接触限值

频率（Hz）	电场强度（kV/m）
50	5

2. 测定方法

按《工作场所物理因素测量 第 3 部分：1Hz～100kHz 电场和磁场》（GBZ/T 189.3—2018）规定的方法进行测量。

四、激光辐射

1. 术语和定义

（1）激光 laser

波长为 200nm～1mm 之间的相干光辐射。

（2）照射量 radiant

受照面积上光能的面密度，单位为 J/cm^2。

（3）辐照度 irradiance

单位面积照射的辐射通量，单位为 W/cm^2。

（4）校正因子（C_A 和 C_B）correction factors

激光生物学作用是波长的函数，为评判等价效应而引进的数学因子。C_A 和 C_B 分别为红外和可见光波段的校正因子。

2. 接触限值

（1）眼睛

8h 眼直视激光束的职业接触限值，见表 4-14。

表 4-14 眼直视激光束的职业接触限值

光谱范围	波长（nm）	照射时间（s）	照射量（J/cm²）	照度（W/cm²）
紫外线	200～308	$10^{-9}～3×10^4$	$3×10^{-3}$	
	309～314	$10^{-9}～3×10^4$	$6.3×10^{-2}$	
	315～400	$10^{-9}～10$	$0.56t^{1/4}$	
	315～400	$10～10^3$	1.0	
	315～400	$10^3～3×10^4$		$1×10^{-3}$
可见光	400～700	$10^{-9}～1.2×10^{-5}$	$5×10^{-7}$	
	400～700	$1.2×10^{-5}～10$	$2.5t^{3/4}×10^{-3}$	
	400～700	$10～10^4$	$1.4C_B×10^{-2}$	
	400～700	$10^4～3×10^4$		$1.4C_B×10^{-6}$

光谱范围	波长（nm）	照射时间（s）	照射量（J/cm²）	照度（W/cm²）
红外线	700～1050	$10^{-9}\sim1.2\times10^{-5}$	$5C_A\times10^{-7}$	
	700～1050	$1.2\times10^{-5}\sim10^3$	$2.5C_At^{3/4}\times10^{-3}$	
	1050～1400	$10^{-9}\sim3\times10^{-5}$	5×10^{-6}	
	1050～1400	$3\times10^{-5}\sim10^3$	$12.5t^{3/4}\times10^{-3}$	
	700～1400	$10^4\sim3\times10^4$		$4.44C_A\times10^{-4}$
远红外线	1400～10⁶	$10^{-9}\sim10^{-7}$	0.01	
	1400～10⁶	$10^{-7}\sim10$	$0.56t^{1/4}$	
	1400～10⁶	>10		0.1

注：t 为照射时间。

（2）皮肤

8h激光照射皮肤的职业接触限值，见表4-15。

表 4-15 激光照射皮肤的职业接触限值

光谱范围	波长（nm）	照射时间（s）	照射量（J/cm²）	照度（W/cm²）
紫外线	200～400	$10^{-9}\sim3\times10^4$	同表4-14	
可见光与红外线	400～1400	$10^{-9}\sim3\times10^{-7}$	$2C_A\times10^{-2}$	
		$10^{-7}\sim10$	$1.1C_At^{1/4}$	
		$10\sim3\times10^4$		$0.2C_A$
远红外线	1400～10⁶	$10^{-9}\sim3\times10^4$	同表4-14	

注：t 为照射时间。

（3）波长（λ）与校正因子的关系

波长 400～700nm，$C_A=1$；波长 700～1050nm，$C_A=10^{0.002(\lambda-700)}$；波长 1050～1400nm，$C_A=5$；波长 400～550nm，$C_B=1$；波长 550～700nm，$C_B=10^{0.0015(\lambda-550)}$。

3. 测量方法

按《工作场所物理因素测量 第4部分：激光辐射》（GBZ/T 189.4—2007）规定的方法测量。

五、微波辐射

1. 术语和定义

（1）微波 microwave

频率为300MHz～300GHz（相应波长为1m～1mm）范围内的电磁波，包括脉冲微波和连续微波。

（2）脉冲微波与连续微波 pulse microwave & continuous microwave

脉冲微波指以脉冲调制的微波。

连续微波指不用脉冲调制的连续震荡的微波。

（3）固定微波辐射与非固定微波辐射 fixed microwave radiation & nonfixed microwave radiation

固定微波辐射是指固定天线（波束）的辐射；或运转天线的 $t_0/T>0.1$ 的辐射。

非固定微波辐射是指运转天线 $t_0/T<0.1$ 的辐射。

式中 t_0 指接触者被测位所受辐射大于或等于主波束最大平均功率密度 50% 的强度时的时间，T 指天线运转一周所用时间。

（4）肢体局部微波辐射与全身微波辐射 partial-body microwave radiation & whole-body microwave radiation

肢体局部微波辐射指微波设备操作过程中，仅手或脚部受辐射。

全身微波辐射指除肢体局部外的其他部位，包括头、胸、腹等一处或几处受辐射。

（5）平均功率密度及日剂量 average power density & daily dose

平均功率密度表示单位面积上一个工作日内的平均辐射功率。

日剂量表示一日接受辐射的总能量，等于平均功率密度与受辐射时间（按照 8h 计算）的乘积，单位为 $\mu W \cdot h/cm^2$ 或 $mW \cdot h/cm^2$。

2. 接触限值

工作场所微波辐射职业接触限值，见表 4-16。

表 4-16　工作场所微波辐射职业接触限值

类　型		日剂量 （$\mu W \cdot h/cm^2$）	8h 平均功率密度 （$\mu W/cm^2$）	非 8h 平均功率 密度 （$\mu W/cm^2$）	短时间接触 功率密度 （mW/cm^2）
全身 辐射	连续微波	400	50	400/t	5
	脉冲微波	200	25	200/t	5
肢体局部 辐射	连续微波或 脉冲微波	4000	500	4000/t	5

注：t 为受辐射时间，单位为 h。

3. 测量方法

按《工作场所物理因素测量　第 5 部分：微波辐射》（GBZ/T 189.5—2007）规定的方法测量。

六、紫外辐射

1. 术语和定义

紫外辐射 ultraviolet radiation

又称紫外线（ultraviolet light），指波长为 100~400nm 的电磁辐射。

2. 职业接触限值

8h 工作场所紫外辐射职业接触限值，见表 4-17。

表 4-17　工作场所紫外辐射职业接触限值

紫外光谱分类	8h 职业接触限值	
	辐照度（$\mu W/cm^2$）	照射量（mJ/cm^2）
中波紫外线（315nm≤λ<280nm）	0.26	3.7
短波紫外线（280nm≤λ<100nm）	0.13	1.8
电焊弧光	0.24	3.5

3. 测量方法

按《工作场所物理因素测量　第 6 部分：紫外辐射》（GBZ/T 189.6—2007）规定的方法测量。

七、高温作业

1. 术语和定义

（1）高温作业　heat stress work

在生产劳动过程中，工作地点平均 WBGT 指数≥25℃的作业。

（2）WBGT 指数　wet bulb globe temperature index

又称湿球黑球温度，是综合评价人体接触作业环境热负荷的一个基本参量，单位为℃。

（3）接触时间率　exposure time rate

劳动者在一个工作日内时间接触高温作业的累计时间与 8h 的比率。

（4）本地区室外通风设计温度　local outside ventilation design temperature

近十年本地区气象台正式记录每年最热月的每日 13 时至 14 时的气温平均值。

2. 卫生要求

（1）接触时间率，100%，体力劳动强度为Ⅳ级，WBGT 指数限值为 25℃；劳动强度分级每下降一级，WBGT 指数限值增加 1～2℃；接触时间率每减少 25%，WBGT 限值指数增加 1～2℃，见表 4-18。

（2）本地区室外通风设计温度≥30℃的地区，表 4-19 中规定的 WBGT 指数相应增加 1℃。

表 4-18　工作场所不同体力劳动强度 WBGT 限制（℃）

接触时间率	体力劳动强度			
	Ⅰ	Ⅱ	Ⅲ	Ⅳ
100%	30	28	26	25
75%	31	29	28	26
50%	32	30	29	28
25%	33	32	31	30

表 4-19　体力劳动强度分级表

体力劳动强度级别	劳动强度指数（n）
Ⅰ	$n \leqslant 15$
Ⅱ	$15 < n \leqslant 20$
Ⅲ	$20 < n \leqslant 25$
Ⅳ	> 25

3. 测量方法

按《工作场所物理因素测量　第 7 部分：高温》（GBZ/T 189.7—2007）规定的方法测量。

八、噪声

1. 术语和定义

（1）生产性噪声　industrial noise

在生产过程中的一切声音。

（2）稳态噪声　steady noise

在观察时间内，采用声级计"慢档"动态特性测量时，声级波动＜3dB（A）的噪声。

（3）非稳态噪声　nonsteady noise

在观察时间内，采用声级计"慢档"动态特性测量时，声级波动≥3dB（A）的噪声。

（4）脉冲噪声　impulsive noise

噪声突然爆发又很快消失，持续时间≤0.5s，间隔时间＞1s，声压有效值变化≥40dB（A）的噪声。

（5）A 计权声压级（A 声级）　A-weighted sound pressure level，L_{pA}，L_A

用 A 计权网络测得的声压级。

（6）等效连续 A 计权声压级（等效声级）　equivalent continuous A-weighted sound pressure level，$L_{Aeq,T}$，L_{Aeq}

在规定的时间内，某一连续稳态噪声的 A 计权声压，且有与时变噪声相同的均方 A 计权声压，则这一连续稳态声的声级就是此时变噪声的等效声级，单位用 dB（A）表示。

（7）按额定 8h 工作日规格化的等效连续 A 计权声压级（8h 等效声级）　normalization of equivalent continuous A-weighted sound pressure level to a nominal 8h working-day，$L_{EX,8h}$

将 1d 实际工作时间内接触的噪声强度等效为工作 8h 的等效声级。

（8）按额定每周工作 40h 规格化的等效连续 A 计权声压级（每周 40h 等效声级）　Normalization of equivalent continuous A-weighted sound pressure level to a nominal 40h workingweek，$L_{EX,w}$

（9）非每周 5d 工作制的特殊工作场所接触的噪声声级等效为每周工作 40h 的等效声级。

2. 噪声职业接触限值

每周工作 5d，每天工作 8h，稳态噪声限值为 85dB（A），非稳态噪声等效声级的限值为 85dB（A）；每周工作日不是 5d，每天工作时间不等于 8h，需要计算 8h 等效声级，限值为 85dB（A）；每周工作不是 5d，需计算 40h 等效声级，限值为 85dB（A），见表 4-20。

表 4-20　工作场所噪声职业接触限值

接触时间	接触限值〔dB（A）〕	备　注
5d/w，＝8h/d	85	非稳态噪声计算 8h 等效声级
5d/w，≠8h/d	85	计算 8h 等效声级
≠5d/w	85	计算 40h 等效声级

3. 脉冲噪声接触限值

脉冲噪声工作场所，噪声声压级峰值和脉冲次数不应超过表4-21的规定。

表 4-21 工作场所脉冲噪声职业接触限值

工作日接触脉冲次数，n（次）	声压级峰值［dB(A)］
$n \leqslant 100$	140
$100 < n \leqslant 1000$	130
$1000 < n \leqslant 10000$	120

4. 测量方法

按《工作场所物理因素测量 第8部分：噪声》（GBZ/T 189.8—2007）规定的方法测量。

第二章　化学因素检测方法

第一节　空气采样规范

一、依据标准

《工作场所空气中有害物质监测的采样规范》（GBZ 159—2004），为贯彻执行《中华人民共和国职业病防治法》，与《工业企业设计卫生标准》（GBZ 1—2010）和《工作场所有害因素职业接触限值　第 1 部分：化学有害因素》（GBZ 2.1—2007）及《工作场所有害因素职业接触限值　第 2 部分：物理因素》（GBZ 2.2—2007）相配套而制定，规定了工作场所空气中有害物质（有毒物质和粉尘）监测的采样方法和技术要求，涵盖了有毒物质和粉尘监测的采样方法，适用于时间加权平均容许浓度（PC-TWA）、短时间接触容许浓度（PC-STEL）和最高容许浓度（MAC）的监测。

因此，采样时必须特别注意，GBZ 159—2004 规定的工作场所空气采样方法，与《室内空气质量标准》（GB/T 18883—2002）规定的室内空气采样方法有明显区别。

空气样品的采集是确保检测结果具有代表性、真实性和准确性的关键，应该严格按照采样规范的采样方法和技术要求认真进行。

二、采样基本要求

（1）应满足职业接触限值对采样的要求。

（2）应满足职业卫生评价对采样的要求。

（3）应满足工作场所环境条件对采样的要求。

（4）采样时应做现场空白试验。

（5）在易燃、易爆工作场所采样时，应采用防爆型空气采样器。

（6）保持采样流量稳定。长时间采样时应记录采样前后的流量，计算时用流量均值。

（7）采样点温度低于 5℃ 和高于 35℃、大气压低于 98.8kPa 和高于 103.4kPa 时，采集空气样品的体积，按式（4-3）换算成标准状态下的采样体积，即在气温为 20℃，大气压为 101.3kPa（760mmHg）下的体积。

$$V_0 = V_t \cdot \frac{293 \times P}{(273 + t) \times 101.3} \tag{4-3}$$

式中　V_0——标准状态下的采样体积，L；

　　　V_t——在温度为 t℃，大气压为 P 时的采样体积，L；

　　　t——采样点的气温，℃；

　　　P——采样点的大气压，kPa。

（8）在样品的采集、运输和保存的过程中，应注意防止样品的污染。

（9）采样时，采样人员应注意个体防护。

（10）记录采样时间和流量以及温度和大气压等。

三、空气监测类型及其采样要求

1. 评价监测

适用于建设项目职业病危害因素预评价、建设项目职业病危害因素控制效果评价和职业病危害因素现状评价等。

（1）在评价职业接触限值为 PC-TWA 时，应选定有代表性的采样点，连续采样 3 个工作日，其中应包括空气中有害物质浓度最高的工作日。

（2）在评价职业接触限值为 PC-STEL 或 MAC 时，应选定具有代表性的采样点，在一个工作日内空气中有害物质浓度最高的时段进行采样，连续采样 3 个工作日。

2. 日常监测

适用于对工作场所空气中有害物质浓度进行的日常的定期监测。

（1）在评价职业接触限值为 PC-TWA 时，应选定有代表性的采样点，在空气中有害物质浓度最高的工作日采样 1 个工作班。

（2）在评价职业接触限值为 PC-STEL 或 MAC 时，应选定具有代表性的采样点，在一个工作班内空气中有害物质浓度最高的时段进行采样。

3. 监督监测

适用于职业卫生监督部门对用人单位进行监督时，对工作场所空气中有害物质浓度进行的监测。

（1）在评价职业接触限值为 PC-TWA 时，应选定具有代表性的工作日和采样点进行采样。

（2）在评价职业接触限值为 PC-STEL 或 MAC 时，应选定具有代表性的采样点，在一个工作班内空气中有害物质浓度最高的时段进行采样。

4. 事故性监测

适用于对工作场所发生职业危害事故时，进行的紧急采样监测。

根据现场情况确定采样点。监测至空气中有害物质浓度低于 PC-STEL 或 MAC 为止。

四、采样前的准备

1. 现场调查

为正确选择采样点、采样对象、采样方法和采样时机等，必须在采样前对工作场所进行现场调查。必要时可进行预采样。调查内容主要包括：

（1）工作过程中使用的原料、辅助材料，生产的产品、副产品和中间产物等的种类、数量、纯度、杂质及其理化性质等。

（2）工作流程包括原料投入方式、生产工艺、加热温度和时间、生产方式和生产设备的完好程度等。

（3）劳动者的工作状况，包括劳动者数（人）、在工作地点停留时间、工作方式、接触有害物质的程度、频度及持续时间等。

（4）工作地点空气中有害物质的产生和扩散规律、存在状态、估计浓度等。

（5）工作地点的卫生状况和环境条件、卫生防护设施及其使用情况、个人防护设施及使用状况等。

2. 采样仪器的准备

（1）检查所用的空气收集器和空气采样器的性能和规格，应处于良好状态。

（2）检查所用的空气收集器的空白、采样效率和解吸效率或洗脱效率。

（3）校正空气采样器的采样流量。在校正时，必须串联与采样相同的空气收集器。

（4）使用定时装置控制采样时间的采样，应校正定时装置。

五、定点采样

定点采样（area sampling）指将空气收集器放置在选定的采样点、劳动者的呼吸带进行采样。

1. 采样点的选择

（1）选择有代表性的工作地点，其中应包括空气中有害物质浓度最高、劳动者接触时间最长的工作地点。

（2）在不影响劳动者工作的情况下，采样点尽可能靠近劳动者；空气收集器应尽量接近劳动者工作时的呼吸带。

（3）在评价工作场所防护设备或措施的防护效果时，应根据设备的情况选定采样点，在工作地点劳动者工作时的呼吸带进行采样。

（4）采样点应设在工作地点的下风向，应远离排气口和可能产生涡流的地点。

2. 采样点数目

（1）工作场所按产品的生产工艺流程，凡逸散或存在有害物质的工作地点，至少应设置 1 个采样点。

（2）一个有代表性的工作场所内有多台同类生产设备时，1～3 台设置 1 个采样点；4～10 台设置 2 个采样点；10 台以上，至少设置 3 个采样点。

（3）一个有代表性的工作场所内，有 2 台以上不同类型的生产设备，逸散同一种有害物质时，采样点应设置在逸散有害物质浓度大的设备附近的工作地点；逸散不同种有害物质时，将采样点设置在逸散待测有害物质设备的工作地点，采样点的数目参照标准7.2.2确定。

（4）劳动者在多个工作地点工作时，在每个工作地点设置 1 个采样点。

（5）劳动者工作是流动的时，在流动的范围内，一般每 10m 设置 1 个采样点。

（6）仪表控制室和劳动者休息室，至少设置 1 个采样点。

3. 采样时段

采样时段（sampling period）指在一个监测周期（如工作日、周或年）中，选定的采样时刻。

（1）采样必须在正常工作状态和环境下进行，避免人为因素的影响。

（2）空气中有害物质浓度随季节发生变化的工作场所，应将空气中有害物质浓度最高的季节选择为重点采样季节。

（3）在工作周内，应将空气中有害物质浓度最高的工作日选择为重点采样日。

（4）在工作日内，应将空气中有害物质浓度最高的时段选择为重点采样时段。

六、个体采样

个体采样 (personal sampling) 指将空气收集器佩戴在采样对象的前胸上部，其进气口尽量接近呼吸带所进行的采样。

1. 采样对象

采样对象 (monitored person) 指选定为具有代表性的、进行个体采样的劳动者。

（1）要在现场调查的基础上，根据检测的目的和要求，选择采样对象。

（2）在工作过程中，凡接触和可能接触有害物质的劳动者都列为采样对象范围。

（3）采样对象中必须包括不同工作岗位的、接触有害物质浓度最高和接触时间最长的劳动者，其余的采样对象应随机选择。

2. 采样对象数量

（1）在采样对象范围内，能够确定接触有害物质浓度最高和接触时间最长的劳动者时，每种工作岗位按表 4-22 选定采样对象的数量，其中应包括接触有害物质浓度最高和接触时间最长的劳动者。每种工作岗位劳动者数不足 3 名时，全部选为采样对象。

表 4-22 采样对象的数量

劳动者数（人）	采样对象数（人）
3～5	2
6～10	3
>10	4

（2）在采样对象范围内，不能确定接触有害物质浓度最高和接触时间最长的劳动者时，每种工作岗位按表 4-23 选定采样对象的数量。每种工作岗位劳动者数不足 6 名时，全部选为采样对象。

表 4-23 采样对象的数量

劳动者数（人）	采样对象数（人）
6	5
7～9	6
10～14	7
15～26	8
27～50	9
>50	11

七、检测最高容许浓度（MAC）时的采样

1. 采样

（1）用定点的、短时间采样方法进行采样；

（2）选定有代表性的、空气中有害物质浓度最高的工作地点作为重点采样点；

（3）将空气收集器的进气口尽量安装在劳动者工作时的呼吸带；

（4）在空气中有害物质浓度最高的时段进行采样；

（5）采样时间一般不超过 15min；当劳动者实际接触时间不足 15min 时，按实际接

触时间进行采样。

2. 结果计算

空气中的有害物质浓度按式（4-4）计算：

$$C_{MAC} = \frac{C \cdot V}{Q \cdot t} \tag{4-4}$$

式中　C_{MAC}——空气中有害物质的浓度，mg/m³；

　　　　C——测得样品溶液中有害物质的浓度，μg/mL；

　　　　V——样品溶液体积，mL；

　　　　Q——采样流量，L/min；

　　　　t——采样时间，min。

八、检测短时间接触容许浓度（PC-STEL）时的采样

1. 采样

（1）按［七、1.（1）～（4）］进行采样；

（2）采样时间一般为 15min；采样时间不足 15min 时，可进行 1 次以上的采样。

2. 结果计算

空气中有害物质 15min 时间加权平均浓度的计算：

（1）采样时间为 15min 时，按式（4-5）计算：

$$STEL = \frac{C \cdot V}{Q \times 15} \tag{4-5}$$

式中　STEL——短时间接触浓度，mg/m³；

　　　　C——测得样品溶液中有害物质的浓度，μg/mL；

　　　　V——样品溶液体积，mL；

　　　　Q——采样流量，L/min；

　　　　15——采样时间，min。

（2）采样时间不足 15min，进行 1 次以上采样时，按 15min 时间加权平均浓度计算。

$$STEL = \frac{C_1 T_1 + C_2 T_2 + \cdots + C_n T_n}{15} \tag{4-6}$$

式中　STEL——短时间接触浓度，mg/m³；

C_1、C_2、C_n——测得空气中有害物质浓度，mg/m³；

T_1、T_2、T_n——劳动者在相应的有害物质浓度下的工作时间，min；

　　　　15——短时间接触容许浓度规定的 15min。

（3）劳动者接触时间不足 15min，按 15min 时间加权平均浓度计算。

$$STEL = \frac{C \cdot T}{15} \tag{4-7}$$

式中　STEL——短时间接触浓度，mg/m³；

　　　　C——测得空气中有害物质浓度，mg/m³；

　　　　T——劳动者在相应的有害物质浓度下的工作时间，min；

　　　　15——短时间接触容许浓度规定的 15min。

九、接触限值为时间加权平均容许浓度（PC-TWA）时的采样

根据工作场所空气中有害物质浓度的存在状况，或采样仪器的操作性能，可选择个体采样或定点采样，长时间采样（≥1h）或短时间采样方法。以个体采样和长时间采样为主。

（一）采用个体采样方法的采样

1. 采样

（1）一般采用长时间采样方法。

（2）选择有代表性的、接触空气中有害物质浓度最高的劳动者作为重点采样对象。

（3）按（六、2）中确定采样对象的数目。

（4）将个体采样仪器的空气收集器佩戴在采样对象的前胸上部，进气口尽量接近呼吸带。

2. 结果计算

（1）采样仪器能够满足全工作日连续一次性采样时，空气中有害物质 8h 时间加权平均浓度按式（4-8）计算：

$$TWA = \frac{C \cdot V}{Q \times 480} \times 1000 \tag{4-8}$$

式中　TWA——空气中有害物质 8h 时间加权平均浓度，mg/m^3；

　　　　C——测得的样品溶液中有害物质的浓度，mg/mL；

　　　　V——样品溶液的总体积，mL；

　　　　Q——采样流量，mL/min；

　　　　480——为时间加权平均容许浓度规定的以 8h 计，min。

（2）采样仪器不能满足全工作日连续一次性采样时，可根据采样仪器的操作时间，在全工作日内进行 2 次或 2 次以上的采样。空气中有害物质 8h 时间加权平均浓度按式（4-9）计算：

$$TWA = \frac{C_1 T_1 + C_2 T_2 + \cdots + C_n T_n}{8} \tag{4-9}$$

式中　TWA——空气中有害物质 8h 时间加权平均浓度，mg/m^3；

C_1、C_2、C_n——测得空气中有害物质浓度，mg/m^3；

T_1、T_2、T_n——劳动者在相应的有害物质浓度下的工作时间，h；

　　　　8——时间加权平均容许浓度规定的 8h。

（二）采用定点采样方法的采样

1. 劳动者在一个工作地点工作时采样

（1）用长时间采样方法的采样

① 采样

选定有代表性的、空气中有害物质浓度最高的工作地点作为重点采样点；将空气收集器的进气口尽量安装在劳动者工作时的呼吸带。

② 结果计算

——采样仪器能够满足全工作日连续一次性采样时，空气中有害物质 8h 时间加权

平均浓度按式（4-8）计算。

——采样仪器不能满足全工作日连续一次性采样时，可根据采样仪器的操作时间，在全工作日内进行 2 次或 2 次以上的采样，空气中有害物质 8h 时间加权平均浓度按式（4-9）计算。

（2）用短时间采样方法的采样

① 采样

选定有代表性的、空气中有害物质浓度最高的工作地点作为重点采样点；将空气收集器的进气口尽量安装在劳动者工作时的呼吸带；在空气中有害物质不同浓度的时段分别进行采样；并记录每个时段劳动者的工作时间；每次采样时间一般为 15min。

② 结果计算

空气中有害物质 8h 时间加权平均浓度按式（4-9）计算。

2. 劳动者在一个以上工作地点工作或移动工作时采样

（1）采样

① 在劳动者的每个工作地点或移动范围内设立采样点，分别进行采样；并记录每个采样点劳动者的工作时间。

② 在每个采样点，应在劳动者工作时，空气中有害物质浓度最高的时段进行采样。

③ 将空气收集器的进气口尽量安装在劳动者工作时的呼吸带。

④ 每次采样时间一般为 15min。

（2）结果计算

空气中有害物质 8h 时间加权平均浓度按式（4-9）计算。

第二节　化学物质标准检测方法

根据《中华人民共和国职业病防治法》，制定了《工作场所空气有毒物质测定》（GBZ/T 300）配套标准，从事职业卫生检测的专业技术人员必须正确使用 GBZ/T 300 所制定的标准检测方法，测定工作场所空气中有毒物质的浓度。

《工作场所空气有毒物质测定》（GBZ/T 300）总题下分为 164 个部分。标准检测方法的排序规则，除 GBZ/T 300.1 外，GBZ/T 300.2～GBZ/T 300.164 部分按待测物的化学分类进行编号排序，基本规律是：以金属及其化合物、无机化学物质、有机化学物质的顺序排列。金属及其化合物以金属元素的英文名称的第 1 个字母为顺序排列，无机化学物质按元素周期表的顺序排列，有机化学物质按其分类进行排列。

第 1 部分：总则；

第 2 部分：锑及其化合物；

第 3 部分：钡及其化合物；

第 4 部分：铍及其化合物；

第 5 部分：铋及其化合物；

第 6 部分：镉及其化合物；

第 7 部分：钙及其化合物；

第 8 部分：铯及其化合物；

第 9 部分：铬及其化合物；

第 10 部分：钴及其化合物；

第 11 部分：铜及其化合物；

第 12 部分：锗及其化合物；

第 13 部分：铟及其化合物；

第 14 部分：铁及其化合物；

第 15 部分：铅及其化合物；

第 16 部分：镁及其化合物；

第 17 部分：锰及其化合物；

第 18 部分：汞及其化合物；

第 19 部分：钼及其化合物；

第 20 部分：镍及其化合物；

第 21 部分：钾及其化合物；

第 22 部分：钠及其化合物；

第 23 部分：锶及其化合物；

第 24 部分：钽及其化合物；

第 25 部分：铊及其化合物；

第 26 部分：锡及其无机化合物；

第 27 部分：二月桂酸二丁基锡、三甲基氯化锡和三乙基氯化锡；

第 28 部分：钨及其化合物；

第 29 部分：钒及其化合物；

第 30 部分：钇及其化合物；

第 31 部分：锌及其化合物；

第 32 部分：锆及其化合物；

第 33 部分：金属及其化合物；

第 34 部分：稀土金属及其化合物；

第 35 部分：三氟化硼；

第 36 部分：乙硼烷和癸硼烷；

第 37 部分：一氧化碳和二氧化碳；

第 38 部分：二硫化碳；

第 39 部分：三氯氢硅、四氢化硅和三甲基一氯硅烷；

第 40 部分：一氧化氮、二氧化氮和硝酸；

第 41 部分：氨、氯化铵和氨基磺酸铵；

第 42 部分：氰化物；

第 43 部分：叠氮酸和叠氮化钠；

第 44 部分：黄磷、磷化氢和磷酸；

第 45 部分：五氧化二磷和五硫化二磷；

第 46 部分：三氯化磷和三氯硫磷；

第 47 部分：砷及其无机化合物；

第 48 部分：臭氧和过氧化氢；

第 49 部分：二氧化硫、三氧化硫和硫酸；

第 50 部分：硫化氢；

第 51 部分：六氟化硫；

第 52 部分：氯化亚砜；

第 53 部分：硒及其化合物；

第 54 部分：碲及其化合物；

第 55 部分：氟及其化合物；

第 56 部分：氯及其化合物；

第 57 部分：溴及其化合物；

第 58 部分：碘及其化合物；

第 59 部分：挥发性有机化合物；

第 60 部分：戊烷、己烷、庚烷、辛烷和壬烷；

第 61 部分：丁烯、1,3-丁二烯和二聚环戊二烯；

第 62 部分：溶剂汽油、液化石油气、抽余油和松节油；

第 63 部分：煤焦油沥青挥发物、焦炉逸散物和石油沥青烟的苯溶物；

第 64 部分：石蜡烟；

第 65 部分：环己烷和甲基环己烷；

第 66 部分：苯、甲苯、二甲苯和乙苯；

第 67 部分：三甲苯、异丙苯和对特丁基甲苯；

第 68 部分：苯乙烯、甲基苯乙烯和二乙烯基苯；

第 69 部分：联苯和氢化三联苯；

第 70 部分：茚、蒽、菲和 3,4-苯并（a）芘；

第 71 部分：萘、萘烷、四氢化萘和氯萘；

第 72 部分：二氟氯甲烷和二氟二氯甲烷；

第 73 部分：氯甲烷、二氯甲烷、三氯甲烷和四氯化碳；

第 74 部分：氯乙烷和氯丙烷；

第 75 部分：溴甲烷、四溴化碳、二溴乙烷和溴丙烷；

第 76 部分：碘甲烷和碘仿；

第 77 部分：四氟乙烯和六氟丙烯；

第 78 部分：氯乙烯、二氯乙烯、三氯乙烯和四氯乙烯；

第 79 部分：β-氯丁二烯、六氯丁二烯和六氯环戊二烯；

第 80 部分：氯丙烯和二氯丙烯；

第 81 部分：氯苯、二氯苯和三氯苯；

第 82 部分：苄基氯和对氯甲苯；

第 83 部分：溴苯；

第 84 部分：甲醇、丙醇和辛醇；

第 85 部分：丁醇、戊醇和丙烯醇；

第 86 部分：乙二醇；

第 87 部分：糠醇和环己醇；

第 88 部分：氯乙醇和 1,3-二氯丙醇；

第 89 部分：2-甲氧基乙醇、2-乙氧基乙醇和 2-丁氧基乙醇；

第 90 部分：甲硫醇、乙硫醇和正丁硫醇；

第 91 部分：苯酚、甲酚和邻仲丁基苯酚；

第 92 部分：4,6-二硝基邻甲酚和苦味酸；

第 93 部分：五氯酚和五氯酚钠；

第 94 部分：2-萘酚和双酚 A；

第 95 部分：乙醚、异丙醚、甲基叔丁基醚和正丁基缩水甘油醚；

第 96 部分：七氟烷、异氟烷和恩氟烷；

第 97 部分：二丙二醇甲醚和 1-甲氧基-2-丙醇；

第 98 部分：二苯醚、茴香胺和十溴联苯醚；

第 99 部分：甲醛、乙醛和丁醛；

第 100 部分：糠醛和二甲氧基甲烷；

第 101 部分：三氯乙醛；

第 102 部分：丙烯醛和巴豆醛；

第 103 部分：丙酮、丁酮和甲基异丁基甲酮；

第 104 部分：二乙基甲酮、2-己酮和二异丁基甲酮；

第 105 部分：异亚丙基丙酮和乙基戊基甲酮；

第 106 部分：氯丙酮；

第 107 部分：过氧化甲乙酮和二丙酮醇；

第 108 部分：乙烯酮和双乙烯酮；

第 109 部分：环己酮、甲基环己酮、苯乙酮和异佛尔酮；

第 110 部分：氢醌和间苯二酚；

第 111 部分：环氧乙烷、环氧丙烷和环氧氯丙烷；

第 112 部分：甲酸和乙酸；

第 113 部分：丙酸、丙烯酸和甲基丙烯酸；

第 114 部分：草酸和对苯二甲酸；

第 115 部分：氯乙酸；

第 116 部分：对甲苯磺酸；

第 117 部分：过氧化苯甲酰；

第 118 部分：乙酸酐、马来酸酐和邻苯二甲酸酐；

第 119 部分：光气、硫酰氟和羰基氟；

第 120 部分：甲酰胺、二甲基甲酰胺和二甲基乙酰胺；

第 121 部分：丙烯酰胺和己内酰胺；

第 122 部分：甲酸甲酯和甲酸乙酯；

第 123 部分：乙酸酯类；

第 124 部分：2-甲氧基乙基乙酸酯和 2-乙氧基乙基乙酸酯；

第 125 部分：1,4-丁内酯和乳酸正丁酯；

第 126 部分：硫酸二甲酯和三甲苯磷酸酯；

第 127 部分：丙烯酸酯类；

第 128 部分：甲基丙烯酸酯类；

第 129 部分：氯乙酸甲酯和氯乙酸乙酯；

第 130 部分：邻苯二甲酸二丁酯和邻苯二甲酸二辛酯；

第 131 部分：甲基异氰酸酯、己二异氰酸酯和多次甲基多苯基异氰酸酯；

第 132 部分：甲苯二异氰酸酯、二苯基甲烷二异氰酸酯和异佛尔酮二异氰酸酯；

第 133 部分：乙腈、丙烯腈和甲基丙烯腈；

第 134 部分：丙酮氰醇和苄基氰；

第 135 部分：一甲胺和二甲胺；

第 136 部分：三甲胺、二乙胺和三乙胺；

第 137 部分：乙胺、乙二胺和环己胺；

第 138 部分：丁胺和二亚乙基三胺；

第 139 部分：乙醇胺；

第 140 部分：肼、甲基肼和偏二甲基肼；

第 141 部分：苯胺、N-甲基苯胺和二甲基苯胺；

第 142 部分：三氯苯胺；

第 143 部分：对硝基苯胺；

第 144 部分：硝基甲烷、硝基乙烷和硝基丙烷；

第 145 部分：二氯硝基乙烷和氯化苦；

第 146 部分：硝基苯、硝基甲苯和硝基氯苯；

第 147 部分：呋喃、四氢呋喃、吡啶、N-乙基吗啉和二噁烷；

第 148 部分：二噁英类化合物；

第 149 部分：杀螟松、倍硫磷、亚胺硫磷和甲基对硫磷；

第 150 部分：敌敌畏、甲拌磷和对硫磷；

第 151 部分：久效磷、氧乐果和异稻瘟净；

第 152 部分：苯硫磷、乙酰甲胺磷、乐果和敌百虫；

第 153 部分：磷胺、内吸磷、甲基内吸磷和马拉硫磷；

第 154 部分：六六六、滴滴涕、2,4-滴和甲氧氯；

第 155 部分：溴氰菊酯、氰戊菊酯、氯氰菊酯和丙烯菊酯；

第 156 部分：杀鼠灵和溴鼠灵；

第 157 部分：敌草隆、百草枯和草甘膦；

第 158 部分：可的松、18-甲基炔诺酮、双硫醒和乙酰水杨酸；

第 159 部分：硝化甘油、硝基胍、奥克托金和黑索金；

第 160 部分：洗衣粉酶；

第 161 部分：三溴甲烷；

第 162 部分：苯醌；

第 163 部分：甲苯二异氰；

第 164 部分：二苯基甲烷二异氰酸酯。

第三节　化学物质测定原则及要求

《工作场所空气有毒物质测定　第 1 部分：总则》（GBZ/T 300.1—2017）规定了工作场所空气中有毒物质测定的基本原则、要求和使用注意事项。

一、检测方法选用

当待测物有一个以上标准检测方法时，可根据待测化学物质（简称待测物）的职业接触限值和在工作场所空气中存在状态及浓度等现场检测的需要以及检测实验室的条件，选用其中一个适用的标准检测方法。认真做好采样前的现场调查和检测所需仪器、试剂和设备等的准备工作，以及测试所用空气收集器的空白、采样效率、解吸效率和/或洗脱效率等。

二、空气采样要求

（1）空气样品的采集是确保检测结果具有代表性、真实性和准确性的关键，应该十分重视、认真进行。

（2）空气采样仪器：空气收集器（包括大注射器、采气袋、吸收管、滤料采样夹、固体吸附剂管和无泵型收集器等）、空气采样器和空气检测器等的基本技术性能应处于良好状态。

（3）现场采样按本章第一节执行，采集空气样品时，要根据待测物的职业接触限值确定所需检测的相应的接触浓度，见表 4-24。然后按照本章第一节的规定，在现场调查的基础上，确定采样点、采样对象、采样时机和采样时间等；对采样全程进行质量控制，确保检测结果具有代表性、真实性和准确性。

表 4-24　职业接触限值与对应的接触（检测）浓度

职业接触限值	时间加权平均容许浓度（PC-TWA）	短时间接触容许浓度（PC-STEL）	最高容许浓度（MAC）
接触（检测）浓度	时间加权平均接触浓度（C_{TWA}）	短时间接触浓度（C_{STE}）	最高浓度（C_M）

（4）在采集空气样品的同时，应制备空白样品，用来考察和消除样品在采集、运输、保存和测定过程中可能存在的误差。空白样品的数量要求"每批次样品不少于 2 个空白样品"，同一工作场所、同一待测物至少制备 2 个空白样品。

（5）在实际采样时，可以根据检测需要、现场情况（如工作场所空气中待测物的浓度和气象条件以及劳动者的工作状况等）和检测方法的许可，适当调整各标准检测方法中规定的采样流量和采样时间，但不能超过该空气收集器规定的采样流量和采样时间的范围，以防止采样效率的降低、采样量过高或过低等。

（6）用吸收管检测 C_{TWA} 时，采样时间表示为 ≥15min，适当增加采样时间将有利于 C_{TWA} 的检测。应根据吸收液和待测物的性质以及气象条件等确定实际的采样时间。采样过程中，吸收液的损失不能超过 10％；若有少量吸收液损失，采样后应加以补充。

（7）用热解吸型固体吸附剂管采样时，若空气中待测物浓度较高时，为了避免长时间采样可能发生穿透，宜采用串联两根热解吸型固体吸附剂管采样，并同时测定。

（8）短时间采样和长时间采样均应根据空气检测的要求、所用的采样方法和采样现场的情况，选用个体采样或定点采样。检测 C_{TWA} 应优先采用个体采样。个体采样时，空气收集器的进气口应在检测对象的呼吸带内，并尽量接近口鼻部。呼吸带是指以口鼻为球心，半径为 30cm 的前半球区。定点采样时，空气收集器的进气口应放在检测对象的呼吸带内。

三、仪器

（1）标准检测方法的"仪器"一项内容，提供的是"仪器操作参考条件"。检测实验室应根据本实验室使用的测定仪器、实验条件和测定需要，参照此操作条件，将测定仪器调节至"最佳测定状态"，以满足职业卫生测定的要求、给出准确的和稳定的测定结果。

（2）在气相色谱法和液相色谱法中，检测实验室应优先使用该标准检测方法中的色谱柱，也可使用等效的其他色谱柱。根据测定的需要可以选用恒温测定或程序升温测定。

四、标准曲线制备

制备优良的标准曲线是测定结果准确度和精密度的保证。

（1）制备标准曲线，应优先依次使用国家认可的标准物质、标准溶液、标准品、色谱纯化学物质或优级纯化学物质，并在其有效期内。

（2）配制标准溶液和标准气时，应确保配制的量值准确和不被污染。

（3）制备标准曲线时，标准系列的测定浓度（或含量）范围可以根据样品中待测物的浓度或含量以及标准曲线或回归方程的线性范围作适当调整，浓度点数包括试剂空白在内，色谱法为 4～7 个，其余方法（包括光谱法等）为 5～8 个。

（4）标准曲线或回归方程的相关系数的 $R^2 \geqslant 0.998$，而石墨炉原子吸收光谱法的 $R^2 \geqslant 0.98$。

五、待测物浓度计算

在计算空气中待测物的浓度时，要根据待测物的职业接触限值和采样方法，按本章第一节的规定进行计算。

六、检测方法性能指标

（1）检测方法的性能指标与实验室的测定条件和操作水平有关。标准中所列的方法性能指标供检测实验室参考。

（2）检测实验室在实施工作场所空气检测前，若首次使用该标准检测方法，应进行方法确认，检验测定方法的准确度、精密度满足要求后，检测实验室才能进行现场检测。

（3）检出限和最低检出浓度是定性指标，主要用于实验室评价标准检测方法的测定性能的指标。定量下限和最低定量浓度是定量指标，主要用于正确评价工作场所空气中待测物的浓度。最低检出浓度和最低定量浓度的值与采样体积有关，本标准均以 15min 采样时间所采空气样品体积来计算的。检测实验室可以根据工作场所空气中待测物的浓度和采样条件，适当增加采样时间和采样体积，以降低最低检出浓度和最低定量浓度。在检测报告中应报告检测实验室所达到的最低检出浓度或最低定量浓度等性能指标。

七、采样容量

溶剂解吸型固体吸附剂管样品可先测定前段吸附剂，若测得量未超过其穿透容量，后段吸附剂可不用测定。若测得量超过其穿透容量，再测定后段吸附剂，当后段测得的待测物量≤前段的 20% 时，在计算检测结果时，应将前后段测得的待测物量相加计算；当后段测得的待测物量＞前段的 20% 时，表示吸附剂管已穿透，检测结果不能使用。

八、注意个人防护

在所有操作（包括现场采样和实验室操作）中，接触的样品、溶剂、试剂等对身体健康有不同程度的危害，应注意个人防护。

第四节　空气中甲醛的测定

一、依据标准

《工作场所空气有毒物质测定　第 99 部分：甲醛、乙醛和丁醛》（GBZ/T 300.99—2017）规定了工作场所空气中甲醛浓度的测定方法采用溶液吸收-酚试剂分光光度法。

工作场所空气中甲醛浓度测定的酚试剂光度法，与测定室内空气中甲醛的酚试剂光度法在原理上没有显著区别，只是采样流量和采样时间等操作细节上略有差异。

二、原理

空气中的蒸气态甲醛用装有水的大气泡吸收管采集，与酚试剂反应生成吖嗪，在酸性溶液中，吖嗪被铁离子氧化生成蓝色化合物，用分光光度计在 645nm 波长下测量吸光度，进行定量。

三、仪器

（1）大气泡吸收管。

（2）空气采样器，流量范围为 0~500mL/min。

（3）具塞刻度试管，10mL。

（4）分光光度计，具 1cm 比色皿。

四、试剂溶液配制

（1）实验用水为蒸馏水，试剂为分析纯。

（2）酚试剂（3-甲基-2-苯并噻唑腙盐酸盐）溶液，1g/L：置棕色瓶中，冰箱内保存，可放置约 3 个月（呈淡红色）。

（3）吸收液：用水稀释 5mL 酚试剂溶液至 100mL。

（4）硫酸铁铵溶液，10g/L：1g 硫酸铁铵[$NH_4Fe(SO_4)_2 \cdot 12H_2O$，优级纯]溶于 0.1mol/L 盐酸溶液中，并稀释至 100mL。置棕色瓶中，在冰箱内可保存约 6 个月。

（5）甲醛标准溶液：用有证甲醛标准溶液配制。临用前，在 100mL 容量瓶中，加入 5mL 酚试剂溶液和一定体积的有证甲醛标准溶液，用水稀释成 $1.0\mu g/mL$ 甲醛标准溶液，放置 30mim 后用于配制标准系列管。此溶液可稳定 24h。

五、标准曲线的制备

1. 标准系列配制

取 5～8 支具塞刻度试管，分别加入 0.0～1.50mL 甲醛标准溶液，加吸收液至 5.0mL，配成 0.0～1.50μg 含量范围的甲醛标准系列。加入 0.4mL 硫酸铁铵溶液，摇匀；放置 15min（气温较低时适当延长反应时间，例如 15℃时反应 30min）。

2. 测定吸光度

用分光光度计在 645nm 波长下，以水作参比，分别测定标准系列各浓度的吸光度。

3. 绘制标准曲线

以测得的吸光度（减去试剂空白）对相应的甲醛含量（μg）绘制标准曲线或计算回归方程，其相关系数的 $R^2 \geqslant 0.998$。

六、空气采样、运输和保存

1. 现场采样

按本章第一节执行。

2. 短时间采样

在采样点，用装有 5mL 吸收液的大气泡吸收管，以 200mL/min 流量采集≤15min 空气样品。采样后，立即封闭吸收管的进出气口，置清洁容器内运输和保存。样品在室温下可保存 24h，在 4℃冰箱内可保存 3d。

3. 运输和保存

采样后，立即密封无泵型采样器，置清洁容器内运输和保存。样品在室温下可保存 15d。

4. 空白样品

在采样点，打开装有 5mL 吸收液的大气泡吸收管的进出气口，并立即封闭，然后同样品一起运输、保存和测定。每批次样品不少于 2 个空白样品。

七、样品检验

1. 样品处理

用吸收管中的样品溶液洗涤进气管内壁 3 次后，取 1.0mL 样品溶液，置具塞刻度试管中，加入 4.0mL 吸收液，摇匀，供测定。

2. 样品测定

用测定标准系列的操作条件测定样品溶液和空白样品溶液，测得的吸光度值（减去试剂空白）由标准曲线或回归方程得样品溶液中甲醛的含量（μg）。若样品溶液中甲醛浓度超过测定范围，用吸收液稀释后测定，计算时乘以稀释倍数。

八、结果计算

1. 采样体积

按本章第一节式（4-1）将采样体积换算成标准采样体积。

2. 结果计算

空气中甲醛的浓度，按式（4-10）计算：

$$C = \frac{5M}{V_0}$$ (4-10)

式中　C——空气中甲醛的浓度，mg/m^3；

　　 5——样品溶液的体积，mL；

　　M——测得的 1.0mL 样品溶液中甲醛的含量（减去样品空白），μg；

　　V_0——标准采样体积，L。

第五节　空气中苯、甲苯、二甲苯和乙苯的测定

《工作场所空气有毒物质测定　第 66 部分：苯、甲苯、二甲苯和乙苯》（GBZ/T 300.66—2017）规定了工作场所空气中苯、甲苯和二甲苯的无泵型采样、溶剂解吸和热解吸-气相色谱法，乙苯的溶剂解吸和热解吸-气相色谱法。

第一法　苯、甲苯和二甲苯的无泵型采样-气相色谱法

一、原理

空气中的蒸气态苯、甲苯和二甲苯用无泵型采样器采集，二硫化碳解吸后进样，经气相色谱柱分离，氢焰离子化检测器检测，以保留时间定性，峰高定量或峰面积定量。

二、仪器

（1）无泵型采样器，内装活性炭片；（2）溶剂解吸瓶，10mL；（3）注射器，1mL；（4）微量注射器；（5）气相色谱仪，具氢焰离子化检测器，仪器操作参考条件：①色谱柱：$30m \times 0.32mm \times 0.5\mu m$，FFAP；②柱温：80℃；③气化室温度：150℃；④检测室温度：250℃；⑤载气（氮）流量：1mL/min；⑥分流比：10∶1。

三、试剂

（1）二硫化碳，色谱鉴定无干扰峰。

（2）苯，20℃时，$1\mu L$ 液体的质量为 0.8787mg。

（3）甲苯，20℃时，$1\mu L$ 液体的质量为 0.8669mg。

（4）邻二甲苯、间二甲苯和对二甲苯，20℃时，$1\mu L$ 液体的质量分别为 0.8802mg、0.8642mg 和 0.8611mg。

（5）标准溶液：容量瓶中加入二硫化碳，准确称量后，分别加入一定量的苯、甲苯和/或二甲苯，再准确称量，用二硫化碳定容。由称量之差计算溶液的浓度，为苯、甲苯和/或二甲苯标准溶液。或用国家认可的有证标准溶液配制。

四、标准曲线的制备

1. 配制标准系列

取 4～7 支容量瓶，用二硫化碳稀释标准溶液，配制表 4-25 所列的浓度标准系列。

2. 测定浓度

参照仪器操作条件，将气相色谱仪调节至最佳测定状态，进样 $1.0\mu L$，分别测定标

准系列各浓度的峰高或峰面积。

表 4-25　标准系列的浓度范围

浓度范围 （μg/mL）	化学物质				
	苯	甲苯	邻二甲苯	对二甲苯	间二甲苯
0.0～878.7	0.0～866.9	0.0～880.2	0.0～864.2	0.0～861.1

3. 绘制标准曲线

以测得的峰高或峰面积对相应的苯、甲苯和/或二甲苯浓度（μg/mL）绘制标准曲线或计算回归方程，其相关系数的 $R^2 \geqslant 0.998$。

五、空气采样、运输和保存

1. 长时间采样

在现场采样点，将无泵型采样器佩戴在采样对象的呼吸带，或悬挂在呼吸带高度的支架上，采集 2～8h 空气样品。

2. 运输和保存

采样后，立即密封无泵型采样器，置清洁容器内运输和保存。样品在室温下可保存 15d。

3. 空白样品

在采样点，打开无泵型采样器的进出气口，并立即封闭，然后与样品一起运输、保存和测定。每批次样品不少于 2 个空白样品。

六、样品检验

1. 样品处理

将活性炭片放入溶剂解吸瓶中，加入 5.0mL 二硫化碳，封闭后，解吸 30min，不时振摇。样品溶液供测定。

2. 样品测定

用测定标准系列的操作条件测定样品溶液和样品空白溶液，测得的峰高或峰面积值由标准曲线或回归方程得样品溶液中苯、甲苯和/或二甲苯的浓度（μg/mL）。若样品溶液中待测物浓度超过测定范围，用二硫化碳稀释后测定，计算时乘以稀释倍数。

七、结果计算

（1）按式（4-11）计算空气中苯、甲苯和/或二甲苯的浓度：

$$C = \frac{C_0 \cdot V}{k \cdot t} \times 1000 \tag{4-11}$$

式中　C——空气中苯、甲苯和/或二甲苯的浓度，mg/m^3；

　　　C_0——测得的样品溶液中苯、甲苯和/或二甲苯的浓度（减去样品空白），μg/mL；

　　　V——样品溶液的体积，mL；

　　　k——无泵型采样器的采样流量，mL/min，由生产厂家提供；

　　　t——采样时间，min。

（2）空气中的时间加权平均接触浓度（C_{TWA}）按本章第一节的规定计算。

八、方法特征

（1）测定范围：苯 $8\sim494mg/m^3$，甲苯 $18\sim542mg/m^3$，二甲苯 $58\sim630mg/m^3$。

（2）相对标准偏差：苯 8.3%，甲苯 3.3%，二甲苯 5.2%。

（3）工作场所的温度、湿度、风速及可能存在的共存物不影响测定；但采样时，无泵型采样器不能直对风扇或风机。采样时要注意防止超过吸附容量。

（4）无泵型采样器的操作（如采样和溶剂解吸方法）、吸附容量和采样流量（k）等由生产厂家提供。

第二法　苯、甲苯、二甲苯和乙苯的热解吸-气相色谱法

一、原理

空气中的蒸气态苯、甲苯、二甲苯和乙苯用活性炭采集，热解吸后进样，经气相色谱柱分离，氢焰离子化检测器检测，以保留时间定性，峰高或峰面积定量。

二、仪器

（1）活性炭管，热解吸型，内装 100mg 活性炭；（2）空气采样器，流量范围为 $0\sim500mL/min$；（3）热解吸器；（4）注射器，1mL、100mL；（5）气相色谱仪，具氢焰离子化检测器，仪器操作参考条件：①色谱柱：$30m\times0.32mm\times0.5\mu m$，FFAP；②柱温：80℃；③气化室温度：150℃；④检测室温度：200℃；⑤载气（氮）流量：$1mL/min$；⑥分流比：10∶1。

三、试剂

（1）苯，20℃时，$1\mu L$ 液体的质量为 0.8787mg。

（2）甲苯，20℃时，$1\mu L$ 液体的质量为 0.8669mg。

（3）邻二甲苯、间二甲苯和对二甲苯，20℃时，$1\mu L$ 液体的质量分别为 0.8802mg、0.8642mg 和 0.8611mg。

（4）乙苯，20℃时，$1\mu L$ 液体的质量为 0.8670mg。

（5）标准气：临用前，用微量注射器分别准确抽取 $1.0\mu L$ 一种或多种待测物，注入 100mL 气密式玻璃注射器中，用清洁空气稀释至 100.0mL，计算其浓度，为苯、甲苯、二甲苯和/或乙苯标准气。或用国家认可的标准气配制。

四、标准曲线的制备

1. 配制标准系列

取 $4\sim7$ 支 100mL 气密式玻璃注射器，用清洁空气稀释标准气成为表 4-26 所列的浓度范围的标准系列。

2. 测定浓度

参照仪器操作条件，将气相色谱仪调节至最佳测定状态，进样 0.5mL，分别测定标准系列各浓度的峰高或峰面积。

3. 绘制标准曲线

以测得的峰高或峰面积对相应的苯、甲苯、二甲苯和乙苯浓度（$\mu g/mL$）绘制标

准曲线或计算回归方程，其相关系数的 $R^2 \geqslant 0.998$。

表 4-26 标准系列的浓度范围

浓度范围 （μg/mL）	化学物质					
	苯	甲苯	邻二甲苯	对二甲苯	间二甲苯	乙苯
	0.0～879	0.0～867	0.0～880	0.0～864	0.0～861	0.0～870

五、样品的采集、运输和保存

1. 短时间采样

在现场采样点，用活性炭管以 100mL/min 流量采集 15min 空气样品。

2. 长时间采样

在采样点，用活性炭管以 50mL/min 流量采集 2～8h 空气样品。

3. 运输和保存

采样后，立即封闭活性炭管两端，置清洁容器内运输和保存。样品在室温下可保存 7d，置 4℃冰箱内可保存 14d。

4. 空白样品

在采样点，打开活性炭管两端，并立即封闭，然后同样品一起运输、保存和测定。每批次样品不少于 2 个空白样品。

六、样品检验

1. 样品处理

将活性炭管放入热解吸器中，其进气口一端与 100mL 注射器相连，另一端与载气（氮）相连，用 50mL/min 流量，于 350℃下解吸至 100.0mL。样品气供测定。

2. 样品测定

用测定标准系列的操作条件测定样品气和样品空白气，测得的峰高或峰面积值由标准曲线或回归方程得样品气中苯、甲苯、二甲苯和乙苯的浓度（μg/mL）。若样品气中待测物浓度超过测定范围，用清洁空气稀释后测定，计算时乘以稀释倍数。

七、结果计算

1. 采样体积

按式（4-3）换算成标准状态下的采样体积；按式（4-12）计算空气中苯、甲苯、二甲苯和乙苯的浓度。

2. 结果计算

空气中苯、甲苯、二甲苯和乙苯的浓度，按式（4-12）计算。

$$C = \frac{C_0}{V_0 \cdot D} \times 100 \qquad (4\text{-}12)$$

式中 C——空气中苯、甲苯、二甲苯和/或乙苯的浓度，mg/m^3；

V_0——标准采样体积，L；

D——解吸效率，%；

C_0——测得的样品气中苯、甲苯、二甲苯和乙苯的浓度（减去样品空白），μg/mL；

100——样品气的体积，mL。

3. 接触浓度

空气中的时间加权平均接触浓度（C_{TWA}），按本章第一节规定计算。

八、方法特征

（1）定量测定范围（μg/mL）：苯 0.0016～0.88，甲苯 0.0033～0.87，二甲苯 0.007～0.87，乙苯 0.007～0.87。

（2）相对标准偏差：苯 1.9%～5.2%，甲苯 3.3%～5.1%，二甲苯 3%～6.2%，乙苯 1.1%～2.8%。

（3）穿透容量（mg/100mg 活性炭）：苯 7mg，甲苯 13.1mg，二甲苯 10.8mg，乙苯 20mg。

第六节　空气中粉尘的测定

一、依据标准

《工作场所空气中粉尘测定　第 1 部分：总粉尘浓度》（GBZ/T 192.1—2007）规定了工作场所空气中总粉尘（简称总尘）浓度的测定方法。

GBZ/T 192 根据工作场所空气中粉尘测定的特点，分为以下六部分：

第 1 部分：总粉尘浓度；

第 2 部分：呼吸性粉尘浓度；

第 3 部分：粉尘分散度；

第 4 部分：游离二氧化硅含量；

第 5 部分：石棉纤维浓度；

第 6 部分：超细颗粒和细颗粒总数量浓度。

二、原理

空气中的总粉尘用已知质量的滤膜采集，由滤膜的增量和采气量，计算出空气中总粉尘的浓度。

三、采样器

1. 滤膜

过氯乙烯滤膜或其他测尘滤膜。

空气中粉尘浓度≤50mg/m³时，用直径 37mm 或 40mm 的滤膜；粉尘浓度＞50mg/m³时，用直径 75mm 的滤膜。

2. 粉尘采样器

（1）采样夹

总粉尘采样效率：用直径 0.3μm 的油雾进行检测时，滤膜的阻留率不小于 99%。

粉尘采样夹：可安装直径 40mm 和 75mm 的滤膜，用于定点采样。

小型塑料采样夹：可安装直径≤37mm 的滤膜，用于个体采样。

（2）采样器：性能和技术指标应满足附录 A。需要防爆的工作场所应使用防爆型粉尘采样器。

用于个体采样时，流量范围为 1～5L/min；用于定点采样时，流量范围为 5～80L/min。用于长时间采样时，连续运转时间应≥8h。

（3）气密性检查：将滤膜夹上装有塑料薄膜的采样头放于盛水的烧杯中，向采样头内送气加压，当压差达到 1000Pa 时，水中应无气泡产生；或用手指完全堵住采样头的进气口，转子应迅速下降到流量计底部；自动控制流量的采样器，则进入停止运转状态。

3. 个体采样

个体采样泵能连续运转 480min 以上。定点大流量采样泵能连续运转 100min 以上，采气流量（带滤膜）大于 15L/min，负压应大于 1500Pa。

四、滤膜的准备

1. 干燥

称量前，将滤膜置于干燥器内 2h 以上。

2. 称量

测尘滤膜，每次在分析天平上准确称量前，用镊子取下滤膜的衬纸，用除静电器除去滤膜的静电。

在衬纸和记录表上记录滤膜的质量和编号。将滤膜和衬纸放入相应容器中备用，或将滤膜直接安装在采样头上。

3. 安装

滤膜毛面应朝进气方向，滤膜放置应平整，不能有裂隙或褶皱。用直径 75mm 的滤膜时，做成漏斗状装入采样夹。

五、空气采样

现场采样按本章第一节执行。

长时间采样和个体采样主要用于 PC-TWA 评价时采样。

短时间采样主要用于超限倍数评价时采样；也可在以下情况下，用于 PC-TWA 评价时采样：（1）工作日内，空气中粉尘浓度比较稳定，没有大的浓度波动，可用短时间采样方法采集 1 个或数个样品；（2）工作日内，空气中粉尘浓度变化有一定规律，即有几个浓度不同但稳定的时段时，可在不同浓度时段内，用短时间采样，并记录劳动者在此浓度下接触的时间。

1. 定点采样

根据粉尘检测的目的和要求，可以采用短时间采样或长时间采样。

（1）短时间采样

在采样点，将装好滤膜的粉尘采样夹，在呼吸带高度以 15～40L/min 流量采集 15min 空气样品。

（2）长时间采样

在采样点，将装好滤膜的粉尘采样夹，在呼吸带高度以 1～5L/min 流量采集 1～8h 空气样品（由采样现场的粉尘浓度和采样器的性能等确定）。

2. 个体采样

将装好滤膜的小型塑料采样夹，佩戴在采样对象的前胸上部，进气口尽量接近呼吸带，以 1~5L/min 流量采集 1~8h 空气样品（由采样现场的粉尘浓度和采样器的性能等确定）。

3. 滤膜上总粉尘的增量（△m）要求

无论定点采样或个体采样，要根据现场空气中粉尘的浓度、使用采样夹的大小和采样流量及采样时间，估算滤膜上总粉尘的增量（△m）。使用直径≤37mm 的滤膜时，△m 不得大于 5mg；直径为 40mm 的滤膜时，△m 不得大于 10mg；直径为 75mm 的滤膜时，△m 不限。

采样前，要通过调节使用的采样流量和采样时间，防止滤膜上粉尘增量超过上述要求（即过载）。

采样过程中，若有过载可能，应及时更换采样夹。

六、样品的运输和保存

采样后，取出滤膜，将滤膜的接尘面朝里对折两次，置于清洁容器内。或将滤膜或滤膜夹取下，放入原来的滤膜盒中。室温下运输和保存。携带运输过程中应防止粉尘脱落或二次污染。

七、样品的称量

1. 称量前，将采样后的滤膜置于干燥器内 2h 以上，除静电后，在分析天平上准确称量。

2. 滤膜增量（△m）≥1mg 时，可用感量为 0.1mg 分析天平称量；滤膜增量（△m）≤1mg 时，应用感量为 0.01mg 分析天平称量。

八、浓度的计算

（1）空气中总粉尘的浓度，按式（4-13）计算。

$$C = \frac{m_2 - m_1}{Q \cdot t} \times 1000 \qquad (4\text{-}13)$$

式中　C——空气中总粉尘的浓度，mg/m³；

　　　m_2——采样后的滤膜质量，mg；

　　　m_1——采样前的滤膜质量，mg；

　　　Q——采样流量，L/min；

　　　t——采样时间，min。

（2）空气中总粉尘时间加权平均浓度，按本章第一节规定计算。

九、方法特征

1. 方法最低检出浓度

0.2mg/m³（以 0.01mg 天平，采集 500L 空气样品计）。

2. 测量范围

（1）用感量为 0.01mg 天平称量、个体采样法测定粉尘 8h TWA 浓度：

以 3.5L/min 采样，适用的空气中粉尘浓度范围为 0.1~3mg/m³；

以 2L/min 采样，适用粉尘浓度范围为 0.2~5.2mg/m³。

（2）用感量为 0.1mg 天平称量、个体采样法测定粉尘 8h TWA 浓度：

以 3.5L/min 采样，适用的空气中粉尘浓度范围为 0.6~3mg/m³；

以 2L/min 采样，适用粉尘浓度范围为 1.2~5.2mg/m³。

十、粉尘 TWA 浓度测定示例

例 1：个体采样法

某锅炉车间选择 2 名采样对象（接尘浓度最高和接尘时间最长者）佩戴粉尘个体采样器，连续采样 1 个工作班（8h），采样流量 3.5L/min，滤膜增重分别为 2.2mg 和 2.3mg。

按式（4-11）计算：

$$C_{TWA1}=2.2\div(3.5\times480)\times1000=1.31\,mg/m^3;$$
$$C_{TWA2}=2.3\div(3.5\times480)\times1000=1.37\,mg/m^3.$$

例 2：定点采样法

（1）接尘时间 8h 计算示例

某锅炉车间在工人经常停留的作业地点选 5 个采样点，5 个采样点的粉尘浓度及工人在该处的接尘时间，测定结果见表 4-27。

8h TWA 浓度，按式（4-1）计算：

$$C_{TWA}=(0.34\times2.0+4.02\times0.8+0.69\times4.5+2.65\times0.3+7.74\times0.4)/8=1.36\,mg/m^3$$

表 4-27 车间采样点粉尘浓度及工人接尘时间测定结果

作业区域	工作点平均浓度（mg/m³）	接尘时间（h）
煤场	0.34	2
进煤口	4.02	0.8
电控室	0.69	4.5
出渣口	2.65	0.3
清扫处	7.74	0.4

（2）接尘时间不足 8h 计算示例

某工厂工人间断接触粉尘，总的接触粉尘时间不足 8h，工作地点的粉尘浓度及接尘时间测定结果见表 4-28。

表 4-28 车间采样点粉尘浓度及工人接尘时间测定结果

工作时间	工作点平均浓度（mg/m³）	接尘时间（h）
08：30—10：30	2.5	2
10：30—12：30	5.3	2
13：30—15：30	1.8	2

TWA 浓度，按式（4-1）计算：

$$C_{TWA}=(2.5\times2+5.3\times2+1.8\times2)/8=2.4\,mg/m^3$$

（3）接尘时间超过 8h 计算示例

某工厂工人在一个工作班内接尘工作 6h，加班工作中接尘 3h，总接尘时间为 9h，接尘时间和工作点粉尘浓度见表 4-29。

表 4-29 车间采样点粉尘浓度及工人接尘时间测定结果

时 间	工作任务	工作点平均浓度（mg/m³）	接尘时间（h）
08:15—10:30	任务 1	5.3	2.25
11:00—13:00	任务 2	4.7	2
14:00—15:45	整理	1.6	1.75
16:00—19:00	加班	5.7	3

TWA 浓度，按式（4-1）计算：

$$C_{TWA} = (5.3 \times 2.25 + 4.7 \times 2 + 1.6 \times 1.75 + 5.7 \times 3)/8 = 5.2 \text{mg/m}^3$$

第五篇

车内环境空气质量检测技术

第一章　汽车内空气质量检测技术

第一节　乘用车内空气质量检测技术

一、依据标准

《乘用车内空气质量评价指南》（GB/T 27630—2011）规定了车内空气中挥发性有机化合物（VOCs）如苯、甲苯、二甲苯、乙苯和苯乙烯，醛酮类化合物如甲醛、乙醛和丙烯醛等8种污染物标准值，并且规定按《车内挥发性有机物和醛酮类物质采样测定方法》（HJ/T 400—2007）进行测定。

二、原理

将乘用车置于一个整车测试环境舱内，在规定的环境条件下，按统一的标准化程序，分别采集乘用车内空气中的挥发性有机化合物（VOCs）和醛酮类化合物。然后把采集的空气样品送回实验室分析检测车内空气污染物的浓度。

（1）VOCs：用 Tenax-TA 填充管采样，用热脱附/毛细管气相色谱/质谱联用法测定。

（2）醛酮类物质：用 2,4-二硝基苯肼（2,4-DNPH）填充管采样，用固相吸附/高效液相色谱法测定。

三、仪器和设备

（一）采样环境舱

汽车采样环境舱，如图 5-1 所示。图 5-1（a）为容积 60m³ 的采样环境舱，容纳一辆乘用车；图 5-1（b）为容积 260m³ 的采样环境舱，可容纳 4 辆乘用车。如图 5-2 所示，采样环境舱可同时采集 4 辆乘用车内空气中的 VOCs 和醛酮类化合物。

| (a) 容积为60m³的采样环境舱 | (b) 容积为260m³的采样环境舱大门 |

图 5-1　汽车采样环境舱

（二）环境舱的要求

（1）舱体内表面为低释放、低吸附和低渗透的材料，一般使用玻璃和不锈钢材料。

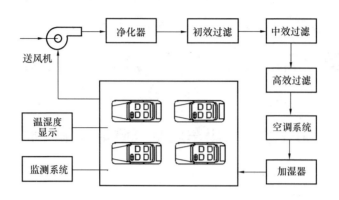

图 5-2　260m³ 汽车采样环境舱

（2）舱内设不少于 2 个温湿度监测点，其中至少有 1 个监测点位于距离受检车辆外表面不超过 0.5m 的空间范围内。

（3）环境污染物监测仪器可采用在线质谱、氢火焰离子化检测器的气相色谱等装置对挥发性有机组分实施监测。监测点位置应在距离受检车辆外表面不超过 0.5m 的空间范围内，高度与车内采样点位置相当。

（4）环境舱内环境条件：温度（25.0±1.0）℃；相对湿度 50%±10%；气流速度 ≤0.3m/s；污染物本底浓度值：甲苯≤0.02mg/m³、甲醛≤0.02mg/m³。

（三）分析仪器

1. 分析仪器

色谱-质谱联用仪；高效液相色谱仪。

2. 样品采集系统

由恒流气体采样器、采样导管、填充柱采样管等组成，如图 5-3 所示。

恒流气体采样器流量在 50～1000mL/min 范围内可调。当用填充柱采样管调节气体流速并使用一级皂膜流量计校准流量时，流量应满足前后两次误差小于 5%。

采样导管应使用经处理的不锈钢管、聚四氟乙烯管或硅橡胶管。设 1 个采样点时，设置于前排座椅头枕连线的中点位置。

3. 采样管

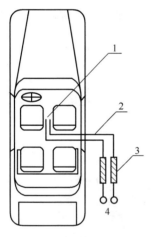

图 5-3　样品采集示意图
1—采样点位置；2—采样导管；
3—Tenax-TA 或 DNPH 采样管；
4—接头

（1）Tenax-TA 采样管　不锈钢、玻璃、内衬玻璃不锈钢或熔融硅不锈钢管，通常外径为 6mm，内部装有 200mg 左右的固体吸附材料。

（2）DNPH 采样管　已填充了涂渍 DNPH 硅胶的采样管。每批采样管抽检的每支管空白验证值应满足以下要求：甲醛小于 0.15μg；乙醛小于 0.10μg；丙酮小于 0.30μg；其他小于 0.10μg。

四、车内空气采样程序

(一) 受检车辆准备阶段

(1) 将受检车辆放入采样环境舱中。

(2) 应去除内部构件表面覆盖物（如出厂时为保护座椅、地毯等而使用的塑料薄膜），并将覆盖物移至采样环境舱外。

(3) 将受检车辆可以开启的窗、门完全打开，静止放置时间不少于 6h。

(4) 整个准备阶段过程中，至少在最后 4h 时段内，采样环境舱环境条件应符合第三条规定的采样环境条件要求，并采取符合规定的质量保证措施对环境条件监测。

(二) 受检车辆封闭阶段

(1) 完成准备阶段后，进入封闭阶段。

(2) 在受检车辆内按图 5-3 规定的要求安装好采样装置，完全关闭受检车辆所有窗、门，确保整车的密封性。

(3) 将受检车辆保持封闭状态 16h，开始进行样品采集。

(4) 整个封闭阶段受检车辆所在的采样环境舱环境条件应符合规定的采样环境条件要求，并按规定对环境条件监测。

(三) 样品采集阶段

1. 采样装置

按图 5-3 所示，将采集挥发性有机组分的 Tenax-TA 采样管（标记 3），采集醛酮组分的 DNPH 采样管（标记 3），分别安装在采样系统上，一端与图 5-3 采样导管连接，另一端与恒流气体采样器连接。采样安装完毕，启动恒流气体采样器进行样品采集。

2. 挥发性有机组分

Tenax 填充管平行采样，采样流量 100～200mL/min，采样时间 30min。每次采样时，留 2 支 Tenax 管作为现场空白。

3. 醛酮组分

用 2,4-DNPH 填充管平行采样，采样流量 100～500mL/min，采样时间 30min。每次采样时，留 2 支 2,4-DNPH 管作为现场空白。

4. 现场采样记录

记录采样时间、流量、温度、相对湿度、大气压力。

准确记录采样体积。采集气体总体积应不大于车内总容积的 5%。

5. 样品保存与运输

采样管应使用密封帽将管口封闭，采样管用锡纸或铝箔包严，在 ≤4℃ 下保存与运输。保存时间不超过 30d。

五、环境舱采样

在对车内空气进行样品采集时，应对采样环境舱中的空气进行样品采集。采样点位置应在距离受检车辆外表面不超过 0.5m 的空间范围内，高度与车内采样点位置相当。

六、样品分析测定

(一)挥发性有机化合物

1. 气相色谱分析参考条件

选用极性指数<10 的毛细管柱，可选择柱长 50～60m、内径 0.20～0.32mm、膜厚 0.2～1.0μm 的毛细管柱。按程序升温，初温 50℃保持 10min，以 5℃/min 的速率升温至 250℃，保持至所有目标组分流出。

2. 质谱分析参考条件

全扫描方式，扫描范围 35～350amu，电子轰击能量 70eV，选择化合物特征质量离子峰面积（或峰高）定量。

3. 校准曲线的绘制

(1)用恒流气体采样器将 100μg/m³标准气体分别准确抽取 100mL、400mL、1L、4L、10L 通过采样管，作为标准系列；或者选用购买的系列标准管作为标准系列。

(2)用热脱附气相色谱质谱联用法分析标准系列，以目标组分的质量为横坐标，以扣除空白响应后的特征质量离子峰面积（或峰高）为纵坐标，绘制校准曲线。校准曲线的斜率即响应因子 RF，线性相关系数至少应达到 0.995。如果校正曲线实在不能通过零点，则曲线方程应包含截距。

(3)每一个新的校准曲线都应用不同源的标准物质进行分析验证。标准物质连续分析六次，在显著性水平 $\alpha=5\%$ 的条件下，分析结果和标准物质标称值无显著性差异；否则，则应采取正确的措施来消除由两种不同源标准物质引起的误差。

4. 样品分析

将样品按照绘制校准曲线的操作步骤和相同的分析条件，用质谱进行定性和定量分析。

5. 结果计算

质量体积浓度按式（5-1）计算。

$$c_{\mathrm{m}} = \frac{m_{\mathrm{F}} - m_{\mathrm{B}}}{V_0} \times 1000 \tag{5-1}$$

式中　c_{m}——分析样品的浓度，mg/m³；

m_{F}——管所采集到的挥发性有机物的质量，mg；

m_{B}——空白管中挥发性有机物的质量，mg；

V_0——采样体积，L。

(二)醛酮类物质

1. 液相色谱分析条件

(1)色谱柱：等效 C18 反相高效液相色谱柱；

(2)流动相：乙腈/水；

(3)洗脱：均相等梯度，60%乙腈/40%水；

(4)检测器：紫外检测器 360nm，二极管阵列；

(5)流速：1.0mL/min；

(6)进样量：25μL。

2. 校准曲线的绘制

(1)选用自制或购买的系列标准管绘制校准曲线

将系列标准管放置于固相萃取装置上。加入 5mL 乙腈反向洗脱标准管，洗脱液的流向应与装载时的气流方向相反。将洗脱液收集于 5mL 试管中。用 $0.45\mu m$ 滤膜对洗脱液进行过滤，用超声波清洗器处理 3～5min。用乙腈定容至试管 5mL 标线。将标准洗脱液二等分置于样品瓶中，采用高效液相色谱分析。

（2）选用标准溶液绘制校准曲线

将标准溶液稀释至适当浓度梯度后进样分析。

（3）每一浓度（至少 5 个浓度梯度）平行分析三次，以目标组分的浓度为横坐标，以扣除空白响应后的峰面积（或峰高）的平均值为纵坐标，绘制校准曲线。校准曲线的斜率即响应因子 RF，线性相关系数至少应达到 0.995。如果校正曲线实在不能通过零点，则曲线方程应包含截距。

（4）每一个新的校准曲线都应用不同源的标准物质进行分析验证。标准物质连续分析六次，在显著性水平 $\alpha=5\%$ 的条件下，分析结果和标准物质标称值无显著性差异；否则，则应采取正确的措施来消除由两种不同源标准物质引起的误差。

3. 样品分析

将样品按照绘制校准曲线的操作步骤和相同的分析条件进行分析。

4. 结果计算

质量体积浓度按式（5-2）计算。

$$c_m = \frac{m_F - m_B}{V_0} \times 1000 \tag{5-2}$$

式中　c_m——分析样品的浓度，mg/m^3；

　　　m_F——采样管所采集到的醛酮组分的质量，mg；

　　　m_B——空白管中醛酮组分的质量，mg；

　　　V_0——采样体积，L。

第二节　国际标准车内空气质量检测技术

《道路车辆内空气　第 1 部分：整车测试环境舱法　车内挥发性有机化合物的测定方法规范》（ISO 12219.1—2012）规定了三种采样模式：环境模式、停车模式和行驶模式，采样测定车内空气中的 VOCs 和羰基化合物，以了解车内空气中 VOCs 种类和浓度的全面、可靠信息。

一、原理

在汽车采样环境舱内，受检车辆舱内空气，按统一的标准化程序进行测定。第一，环境模式，模拟环境条件，在标准条件为 23℃时，没有空气交换下，对 VOCs 和甲醛等羰基化合物分别采样测定；第二，停车模式，在升高温条件下，仅对甲醛采样测定；第三，行驶模式，使用热辐射型加热器提供了一个恒定照射方式，模拟日照 4.5h，在这之后，进行第三次样品采集测定。在各模式中，需要采集对应的采样环境舱本底平行样品。

VOCs 的采样及分析方法：用 Tenax-TA 吸附管采样，用热解吸和气相色谱分析，用火焰离子化检测器（TVOCFID）或质谱检测器（TVOCMS）检测，测定挥发性范围

从 *n*-C6 至 *n*-C16 的非极性和弱极性的 VOCs。测定浓度范围在亚微克每立方米至几毫克每立方米。

甲醛等羰基化合物的采样及分析方法：用 2,4-二硝基苯肼（DNPH）采样管采样，用高效液相色谱（HPLC）分析，紫外吸收法检测。测定浓度范围约为 $1\mu g/m^3 \sim 1mg/m^3$。

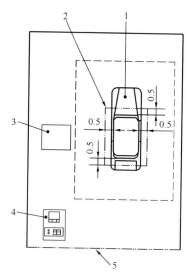

图 5-4　受检车辆检验示意图
（单位为 m）

1—受检车辆；2—加热器面积；
3—采样装置；4—控制和数据
记录装置；5—舱门

用最黑暗的颜色。

2. 储存和运输

受检车辆应防止在太阳直晒的条件下储存和运输；否则，车辆到检测地方后打开门窗过夜，然后才转移到采样环境舱内。在测试前，请细心除去所有运输防护膜或运输防护漆。所有手动玻璃窗遮阳帘应保持打开状态。

3. 采样点

采样装置的采样探头的位置在司机的呼吸带，即在方向盘顶部与座椅头枕底部的连线上，距离方向盘 50cm 处，如图 5-5 所示。

四、采样品数量

按 ISO 12219.1—2012 的规定，最少采 24 个样品，样品需要平行采样。详见表 5-1。

五、采样程序

1. 时间：0（图 5-6）

汽车采样环境舱的环境条件，设定温度（23±2）℃，相对湿度（50%±10%）RH，环境舱中的空气交换率为

二、汽车采样环境舱

汽车采样环境舱，如图 5-4 所示。

（1）采样环境舱保持温度为（23±2）℃。舱中的本底浓度采样，采样点应选在前门窗口框架底部的高度，距离该受检车辆的侧面超过 1m 处。

（2）在环境模式，环境舱的相对湿度应为（50%±10%）RH。

（3）每个分析物的最大本底浓度，单组分不得超过 $20\mu g/m^3$，TVOCs 为 $200\mu g/m^3$，或最大不能超过各自测定值的 10%，以较高者为准。

（4）加热器安装在受检车辆上方，照射范围可覆盖至距受检车辆车舱每一侧外 0.5m 范围内的区域，顶棚表面的照射强度为（400±50）W/m²。

三、受检车辆

1. 新车车辆

待检验的新车辆应该是正常生产工艺制造出来的车辆，制造完成后在（28±5）d 内，驾驶里程不超过 50km。受检车辆的颜色应是黑色。若没有黑色，选

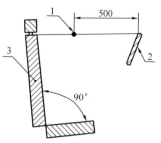

图 5-5　受检车辆采样点位置
（单位为 cm）

1—采样点；2—方向盘；
3—座椅头枕

每小时至少换气两次后开始进行测试。打开车辆门窗，维持 1h。安装两个 VOC 吸附管和两个 DNPH 采样管，并进行检漏。

2. 时间：1.00h

关闭车辆门窗，至少保持在 8h 以上（如过夜），维持温度在（23±2）℃，相对湿度（50%±10%）RH，空气交换率至少维持每小时两次。关闭受检车辆动力通风。

表 5-1 采样样品数量

ISO 12219.1 的采样模式	环境模式	环境模式	停车模式	驾驶模式	驾驶模式
样品介质	Tenax TA®	DNPH	DNPH	Tenax TA®	DNPH
测定的化合物	VOCs	羰基化合物	羰基化合物	VOCs	羰基化合物
采样位置					
环境舱和车辆的空白	2a	2a			
环境舱的本底	2	2	2	2	2
车辆	2	2	2	2	2
样品总数	6	6	4	4	4

a 在每个测定系列（几辆车连续测定的系列）之前，至少进行一次现场空白程序。

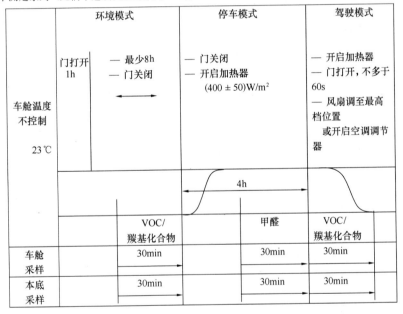

图 5-6 温度和测试时间示意图

3. 时间：8.50h

安装两个 VOCs 吸附管和两个 DNPH 采样管，并吹扫死体积。在环境模式，在室温（23±2）℃下采样 30min。采集 VOCs 最大为 0.1L/min，羰基化合物为 1L/min。

同时，采样测定 VOCs 和羰基化合物的本底浓度。采样探头位于车舱进气口前面 1m 处。测量采样点的温度和相对湿度。

4. 时间：9.00h

读取和记录测定体积，卸下 VOCs 吸附管和 DNPH 采样管，包装密封，送实验室进行分析。

启动停车模式，开启加热器，照射强度为（400±50）W/m² 维持 4.5h。如图 5-6 所示。

5. 时间：12.50h

在升高温度下，分别用两个 DNPH 采样管，用于受检车辆内和整车测试环境舱内进行甲醛采样 30min，流量调整到 1L/min。

6. 时间：13.00h

（1）停车模式

关闭测定羰基化合物的采样泵，从采样装置上 DNPH 采样管，包装密封，送实验室进行分析。读取和记录测定体积。

（2）驾驶模式

在驾驶模式采样开始前，安装两个 VOCs 吸附管和两个 DNPH 采样管，并吹扫死体积。

打开司机侧车门，并启动发动机，打开空调，时间不得超过 60s。这时自动空调设定在 23℃，半自动和手动空调系统则在最低档运行，没有自动空调系统的受检车辆，风扇在最高性能模式通风换气，见表 5-1。

开启四个采样装置对车舱内在升高的温度下进行 30min 的采样。调节采样流量，对 VOCs 最大为 0.1L/min、羰基化合物为 1L/min。

另外，分别用两个采样装置采样测定环境舱内 VOCs 和羰基化合物的本底浓度。

7. 时间：13.50h

关闭采样装置的采样泵，关掉发动机和加热器。读取和记录采样体积。从采样装置上卸下 VOCs 吸附管和 DNPH 采样管，密封包装，送实验室进行分析。停止温度和湿度的连续监测。

六、结果计算

挥发性有机化合物和醛酮类物质的质量体积浓度，按本章第一节式（5-1）和式（5-2)计算。并且求出精密度和不确定度。

七、质量保证与控制措施

采用适当的质量控制措施，即：

（1）现场空白检验；

（2）现场空白可接受的水平，空白峰值不大于对应的分析物的峰面积的 10％；

（3）检查 VOCs 和羰基化合物的解吸效率；

（4）收集效率，可以使用备份管或采集小于安全采样体积的不同采样量的样品进行控制；

（5）确定测定方法的重复性，如使用平行样品的收集和分析；重复相对标准偏差 ≤15％；

（6）C6～C16 烃类的回收率的质量分数达 95％以上；

（7）示出温度、湿度和流量测定可溯源鉴定文件。

第三节 长途客车和校车空气质量检验

一、依据标准

《长途客车内空气质量要求》（GB/T 17729—2009）规定了长途客车内空气主要成分的标准值；《专用校车安全技术条件》（GB 24407—2012）规定了校车内空气质量，详见表5-2。测试方法依据《长途客车内空气质量检测方法》（GB/T 28370—2012）的规定。

二、监测项目

校车和长途客车车内的检测项目，按表5-2规定的项目：氧、二氧化碳、一氧化碳、甲醛、甲苯、二甲苯和TVOC以及温度、相对湿度任意方向环境气流速度。

表5-2 校车和长途客车车内空气质量要求

项目	单位	标准值	限值条件
氧	％	≥20	1h均值
二氧化碳	％	≤0.20	日平均值
一氧化碳	mg/m³	≤10	1h均值
甲醛	mg/m³	≤0.12	1h均值
甲苯	mg/m³	≤0.24	1h均值
二甲苯	mg/m³	≤0.24	1h均值
TVOC	mg/m³	≤0.60	1h均值

三、环境监测

1. 监测项目及要求

在对车内空气质量检测时，应对受检车辆所处的环境的温度、相对湿度任意方向环境气流速度进行检测。受检车辆测试场所环境空气中污染物的浓度应低于表5-2的标准值。

2. 监测点

温度、湿度、各种气体的本底浓度检测点至少设置2个，位置应在距离受检车辆外表面不超过0.5m的空间范围内，采样高度与受检车辆内的采样点相当。

环境气流速度检测点至少设置3个，位置应在受检车辆的前部、顶部、后部，距离受检车辆外表面不超过0.5m的空间范围内。

四、车内检测准备

（一）车辆状态

（1）受检车辆处于空载静止的状态；

（2）承载额定乘员并行驶2.5～3h期间的状态。

（二）车内环境

实施车内空气采样时，受检车辆的门窗等处于关闭状态，视车内温度情况，可开空调调节，使受检车辆内采样点所处的环境应满足下列条件：

（1）环境温度：(25±3)℃；

（2）环境气流速度：不大于 0.3m/s。

（三）采样点设置

1. 采样点数量

车内采样点数量按受检车辆乘员舱内有效容积大小而定。车长在 9m 以下车辆设置 2 个采样点，车长在 9m 以上车辆设置 3 个采样点，沿着车厢中轴线均匀布置。

双层客车布置 4 个采样点，每层 2 个，沿着车厢中轴线均匀布置。

2. 采样高度

车内采样点的高度与驾乘人员坐姿呼吸带高度相一致，距地板高度（1200±100）mm。

（四）采样装置

车内空气采样装置应符合第一篇第一章第三节中的有关规定。

五、车内空气采样程序

1. 空载静止状态受检车辆采样

空载静止状态受检车辆内空气采样，门窗完全打开，去除车内表面覆盖物，静止放置时间不大于 1h，使受检车辆充分与外部空气流通，然后关闭门窗保持整车的密闭时间不小于 4h 后开始采样。采样时间 30min。每一个采样点都进行平行采样。

2. 动态受检车辆采样

动态受检车辆内空气采样，车辆承载额定乘员，在密闭、乘员未下车状态下行驶 2.5h 后开始采样。采样时间 30min。每一个采样点都进行平行采样。

3. 样品保存与运输

采样管应使用密封帽将管口封闭，采样管用锡纸或铝箔包严，在≤4℃下保存与运输。保存时间不超过 30d。

六、分析方法

（1）车内空气中二氧化碳、一氧化碳、甲醛、甲苯、二甲苯和 TVOC 的质量浓度，按第一篇第三章中相对应的方法进行分析测定。

（2）氧浓度用电化学式测氧仪测定。其测量范围在 0%～30%，最小显示值为 0.1%，基本误差±1.5%F.S，重复性误差 1%，响应时间不大于 60s。传感器使用寿命大于 18 个月。

（3）按《公共场所卫生检验方法　第 1 部分：物理因素》（GB/T 18204.1—2013）规定，温度用玻璃液体温度计法或者显式温度计法进行测量；空气流速用电风速计法进行测量。

七、测量结果

（1）测量结果以平均值表示。测定值之差与算术平均值的相对偏差不得超过 20%。

（2）当发生受检车辆检测数据无效时，应该对受检车辆进行复检。但是复检采样必须与第一次采样至少相隔 3d 进行。

（3）当受检车辆处于空载静止状态和承载额定乘员行驶状态下的平均值符合标准值要求时为合格。如果有一项测量结果未达到标准值要求为不合格。

第二章　汽车内饰件污染物释放量检测技术

第一节　采样袋法

一、原理

《道路车辆内空气 第2部分：气袋法 筛查汽车内饰件和材料的挥发性有机化合物释放量的测定方法》（ISO 12219.2—2012）规定了快速筛查从汽车内饰件释放出来扩散到车辆内空气的挥发性有机化合物（VOCs）、甲醛等羰基化合物的测试方法之一。

把一个或多个汽车内饰件试样放入采样袋，加热到给定温度，然后在采样袋收集的气体中，取出部分测定试件污染物浓度。通过试件污染物浓度与相应的空白浓度的比较，就可以计算出从一个汽车内饰件试样释放出来的VOCs、甲醛等羰基化合物的采样袋值。

整个分析测定程序包括：（1）使用Tenax-TA吸附管采集VOCs，随后的热解吸和气相色谱分析，测定挥发性范围从n-C6至n-C16的非极性和弱极性的VOCs，测定浓度范围在亚微克每立方米至几毫克每立方米；（2）使用的2,4-二硝基苯肼（DNPH）吸附管采集甲醛等羰基化合物，然后用高效液相色谱（HPLC）紫外吸收分析测定，测定浓度范围在$1\mu g/m^3 \sim 1mg/m^3$之间。

二、仪器和设备

1. 采样袋

采样袋用聚氟乙烯（PVF）或全氟（乙烯/丙烯）塑料袋，容量≥10L。

不放入任何样品的采样袋，加热至测试温度65℃时所测得的空白浓度，甲醛等羰基化合物应低于$0.075\mu g/$袋，VOCs低于$0.05\mu g/$袋。

2. 气体纯度

充入采样袋气体：干燥的高纯氮气。VOCs、甲醛等羰基化合物的浓度应尽可能地低，不会影响测试结果。

3. 恒温烘箱

在烘箱中的温度能够维持一个恒定和均匀的温度，应能均匀控制温度在±1℃。温度测定仪器精度应在±0.5℃。

4. 抽气泵

真空泵或其他设备，能够迅速地将采样袋抽真空的设备均可使用。

5. 积分流量计或气体流量计

用积分流量计或气体流量计（$V\pm0.1L$，其中V是体积）测定的采样气体或其他气体的体积，必须调整到标准状态下（23℃和101.3kPa）的体积。

6. 气体分析仪

（1）气相色谱-质谱联用仪（GC-MS）：用于 VOCs 的分析测定。

（2）高效液相色谱仪（HPLC）：用于甲醛等羰基化合物的分析。

7. 气体采样管

（1）Tenax-TA 或 Tenax-GR 吸附剂填充的吸附管，用于采集挥发性有机物，挥发性范围从正己烷至正十六烷。

（2）DNPH 采样管，用于甲醛等羰基化合物的采样和分析。

三、测试条件

1. 试样

平面材料：一个试样上表面的面积通常为 100cm²（如 10cm×10cm）。试样的厚度在检验报告中应注明。切边不需要密封。

完整组件：如座椅、仪表板等的释放量测定，试件需用一个完整的组件。

试样应在制备后 4 周内测试。每个试样应适当地包裹和保存，以便不被化学物质污染，受热、湿度或其他因素的影响。检验报告应注明保存时间和保存条件。

2. 加热温度和时间

采样袋应均匀地加热到（65±1）℃。加热时间 2h±5min。

3. 采样袋充入气体量

试样放入采样袋后抽真空。10L 采样袋充入 5L 高纯氮气。

用泵直接充入气体是不合适的，因为有污染的潜在风险。

4. 回收率

回收率：采样袋中收集的 VOCs、甲醛等羰基化合物的总量，与供给采样袋中的 VOCs、甲醛等羰基化合物的已知总量之比。

检验 VOCs、甲醛等羰基化合物的回收率，应使用相应的标准气体。采样袋的平均回收率，要求甲醛优于 60%、甲苯优于 70%。

四、试验方法

1. 测试装置

采样袋测试装置，如图 5-7 所示。

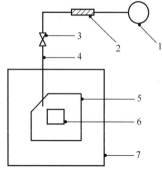

图 5-7 采样袋测试装置图
1—泵；2—吸附管；3—阀；
4—聚四氟乙烯管；5—采样袋；
6—试样；7—恒温烘箱

2. 测试准备

（1）采样袋的净化

采样袋用于测试前应进行净化：用干燥的氮气充入采样袋，然后用泵抽空采样袋；充入和抽空操作，重复三次。

采样袋可预先加热至 80℃，以降低空白浓度。

（2）采样袋的准备

将一个或多个测试试样装入，折叠采样袋的切断端，并用密封材料（如胶带）或热黏合牢固地密封。将干燥氮气或空气充入采样袋，然后抽空采样袋。再将 5L 干燥氮气充入 10L 采样袋。一个空采样袋以同样的顺序操作，作为空白袋使用。

3. 释放量测试

将装有一个或多个试样的采样袋和空白袋，放置于维持在给定温度下的恒温烘箱中。记录加热起始时间。

4. 采样

采集气体的体积，对 VOCs 为 1L、甲醛等羰基化合物为 3L，并经过温度校准。根据需要也可以进行其他 VOCs 的采集。

采样量限定为 3L，可能会影响甲醛检出限。

五、样品分析测定

1. VOCs 的分析

按第五篇第一章第一节六、（一）中规定的分析测定 VOCs 的方法，用气相色谱-质谱联用仪（GC-MS）测定试件 VOCs 的浓度和空白浓度。空白浓度可接受的水平，空白峰值不大于对应分析物的峰面积的 10%。

2. 甲醛等羰基化合物的分析

按第五篇第一章第一节六、（二）中规定的分析测定甲醛等羰基化合物的方法，用高效液相色谱仪（HPLC）测定试件甲醛等羰基化合物的浓度和空白浓度。空白浓度可接受的水平，空白峰值不大于对应分析物的峰面积的 10%。

六、采样袋值的计算

测定试样释放出的气体成分的采样袋值（m），单位为 μg，按式（5-3）计算。

$$m = (\gamma_s - \gamma_b)V \qquad (5\text{-}3)$$

式中　γ_s——测试浓度，$\mu g/m^3$。即装有一个或多个试样的采样袋，在测试时间内加热，所收集到一个给定 VOCs、甲醛或其他羰基化合物的浓度；

　　　γ_b——空白浓度，$\mu g/m^3$。即没有任何试样的空白采样袋，在测试时间内加热，所收集到一个给定 VOCs、甲醛或其他羰基化合物的浓度；

　　　V——体积，m^3。即充入采样袋的气体体积。

测定空气采样和分析方法的重复性，平行测定的变异系数应≤15%。

第二节　微　腔　法

《道路车辆内空气 第 3 部分：微小测试腔法　筛查汽车内饰件和材料的挥发性有机化合物释放量的测定方法》（ISO 12219.3—2012）规定的微小测试腔法是快速筛查从汽车各式各样的内饰零部件材料释放出来扩散到车辆内空气的挥发性有机化合物（VOCs）、甲醛等羰基化合物的测试方法。其结果可用作评估关于产品释放量高低的性能，如通过与对照释放量高低相比较，或者通过与其他产品或批次的产品的释放量进行数据比较。

一、原理

测试原理是测定从汽车产品释放出来的 VOCs 的面积或质量比释放率。测试在一个恒定温度和流量的微小测试腔里进行。在微小测试腔中，试样的表面面积或质量应保持不变，测定所释放出来的化合物的质量或气体浓度，就可以测定在给定的时间 t 内被测产品的 VOCs 的面积或质量比释放率。

二、微小测试腔

微小测试腔是在常规小环境测试舱相同的基本原理下运行的，仅用于表面释放测试或散装释放测试。然而其体积小，能够在高温下工作，温度能够迅速地达到平衡。

典型的微小测试腔如图 5-8 所示；尺寸和性能规格，列于表 5-3 中。

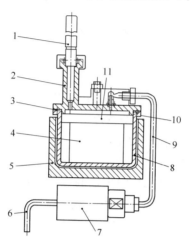

图 5-8　表面释放量测试使用的微小测试腔横截面（流量：mL/min）

1—气体采样管；2—出气口；3—低释放密封圈；4—金属垫片（通常是铝）；5—加热块；6—供给加压空气；7—流量控制装置；8—微小测试腔；9—供给空气，需要加热；10—凸边，排除边缘和背面释放量干扰；11—试样

表 5-3　图 5-8 微小测试腔的尺寸和辅助数据

空微小测试腔（散装材料释放测试）			
腔室直径（mm）	45		
腔室深度（mm）	28		
容积（空腔）(mL)	44.5		
气体流量范围（mL/min）	10~500		
气体变化率范围内（h^{-1}）	13~674		
用盖子凸边对着试验材料压紧密封（材料表面释放测试）			
容积（m³）	3.20×10^{-6}		
露出试样直径（mm）	40.4		
最大暴露的表面面积（m²）	1.28×10^{-3}		
负载因子（m²/m³）	400		
气体流量（mL/min）（范围 10~500mL/min）	50	100	250	500
相应的气体交换率（h^{-1}）	938	1875	4690	9375
面积比气体流量，q_{VA}[m³/(h·m²)]	~2.34	~4.69	~11.7	~23.4

（1）尺寸和形状

微小测试腔的大小范围从 30mL 至 1L，容积通常在 40～120mL 之间，制作成平底圆筒形结构，方便于试样的制备，可使其紧贴微小测试腔的内径，从边缘和背面释放的干扰将降低到最小。

* （2）气体泄漏

微小测试腔进气口空气或气体载气流量与出气口的空气或气体总流量之差，如果小于 5%，应认为无明显泄漏。

三、测试条件

1. 温度

在释放测试中，微小测试腔必须保持温度恒定在（65±2）℃。

2. 气体流量

筛查 VOCs 表面释放量，一般流量为 50mL/min。

用于测试散装材料 VOCs 的释放量，气体流量较高，如 100～200mL/min。

沸点较高的半挥发性有机化合物（SVOCs）测试时，推荐用较高的气体流量，降低沉降作用的风险。

用于筛查甲醛的表面释放量，推荐流量为 250mL/min。

3. 本底浓度

目标化合物的本底浓度应在微小测试腔测定浓度 10% 以下，或单个 VOC 低于 $5\mu g/m^3$，总挥发性有机化合物（TVOC）低于 $50\mu g/m^3$，以较高者为准。

四、试样

1. 试样要求

试样直接从生产的产品取样，迅速在现场实验室进行分析，放置在合适的、清洁、气密性好、不释放污染物的容器或包装里。每个样品应以同样的方式处理，如存储容器或包装的类型，试样制备方法，样品采集和分析时间。

在分析之前，试样如果要存放时间超过 2h，或者需要运送到异地实验室，在采样程序、运输条件、样品保存、试样准备等方面需要采取更多的预防措施。

对于非均质材料，可以从相同的样品制作多个试样进行测量，测定平均比释放率。

2. 试样制备

试样经常需要切割（切片），以紧贴在微小释放测试腔之内，从而最大限度地减少或消除边缘影响。最好是用打孔制作，减少热量的产生。每个试样作标记和称重。锯切制备会加热样品，危及释放量测试。

对于分析散装材料释放量时，测定质量比释放率的试样量应足够大，以满足测试目标物具有足够的灵敏度。

将样品包装拆除后到试样制备之间的时间间隔应尽可能短，在每个步骤间都毫不例外。试样制备后，立即放入微小测试腔内，这时间即视为释放测试的开始时间，即 $t=t_0$。

测定散装材料，如聚合物树脂颗粒、黏合剂或绝缘纤维有代表性的试样的释放量，可直接放置到微小测试腔，无须额外的制备步骤。如果在实际试验中，材料或产品只有一个表面被暴露，应小心以防止其他表面和边缘切口的释放量干扰测试。

五、试验方法

1. 本底浓度的测定

微小测试腔本底水平应定期检查，如每一批次释放测试开始前，定量测定来源于供给空气或气体或来源于微小测试腔装置的气体有机化合物贡献的任何本底水平。

2. 采样

试样应放置在预先加热至65℃的微小测试腔内维持20min。在微小测试腔进行表面释放量测试，推荐流量VOCs为50mL/min，甲醛为250mL/min。为了测量半挥发性成分或测试特别致密的材料时，平衡时间可以稍长一些。

平衡期后，经处理的气体采样装置连接到微小测试腔出气口开始采样。快速检查是否有泄漏。VOCs采样时间（15±1）min，甲醛采样时间在（2±0.2）～（4±0.2）h之间。推荐的采样时间，VOCs为15min（0.25h），甲醛为4h。

使用微小测试腔筛查甲醛，可降低流量或缩短采样时间，但其结果可能会影响检测限。但是降低流量或缩短采样时间也可用于降低易挥发性VOCs采样出现穿透的风险。但在这种情况下，往往最好使用可替代的更强的吸附剂。对于高浓度VOCs的释放量，优选的是，在分析系统上增设流量分流，而不是减少采样时间或降低流量。

注：从微小测试腔排出的气体通过管道输送到通风橱中，在不采样时，以确保从试样释放的任何化学品与实验室环境隔离。

3. 样品密封

将样品管从微小测试腔气体采样末端取下，使用适当的盖帽盖住密封，立即记录采样时间，样品管应小心存放。

4. 试样在释放测试间的存储（如果需要）

如果是相同的样品要使用微小测试腔进行反复测试，试样应保持在有纯空气或气体流的微小测试腔内。

5. 微小测试腔测试后的清洗

释放测试结束，如果有必要，对微小测试腔应进行清洁，以确保它符合后续测试的本底要求。

6. 样品分析

（1）VOCs的分析

按第五篇第一章第一节六、（一）中规定的用气相色谱-质谱联用法测定试件VOCs的浓度。

（2）甲醛等羰基化合物的分析

按第五篇第一章第一节六、（二）中规定的用高效液相色谱法测定试件甲醛等羰基化合物的浓度。

六、气体浓度和比释放率的计算

测试结果以面积比释放率表示，q_{mA}，$\mu g/m^2 \cdot h$；或以质量比释放率表示，q_{mm}，$\mu g/g \cdot h$。

如果把全部气流直接流经气体采样管，空白值又符合规定的性能标准的话，使用分析中所测定的单个气体质量或 VOCs 总质量，可以直接计算出面积比释放率 q_{mA}，也可以计算出质量比释放率 q_{mm}：

面积比释放率 q_{mA}，由式（5-4）计算出。

$$q_{mA} = \frac{m_a}{At} \tag{5-4}$$

质量比释放率 q_{mm}，由式（5-5）计算出。

$$q_{mm} = \frac{m_a}{m_s t} \tag{5-5}$$

式中 m_a——分析物质量，μg；

      A——试样面积，m^2；

      m_s——试样质量，g；

      t——气体采样时间，h。

第六篇
室内车内环保产品检测技术

第一章　室内车内环保产品

第一节　空气净化设备

一、空气净化器

空气净化器（air cleaner）是指可去除空气中一种或多种污染物的空气净化设备，利用循环净化去除室内空气中的悬浮颗粒物、气体污染物、生物污染物和放射性污染物。

洁净空气量（clean air delivery rate，简称CADR），是表征空气净化器净化功能和能力的参数，对于可去除的每一种空气污染物都有一个对应的洁净空气量，数值越大净化能力越强。

二、空气净化新风机

空气净化新风机是指能够将室外空气经过净化后向室内输送新风的装置。不需要打开房间门窗，就能够有效地向室内输送清洁的新风。输送新风的洁净度取决于新风机过滤效率的高低，过滤效率高，新风的洁净度高。

空气净化新风机输送洁净新风进入室内，使室内处于正压状态，没有选择性地将室内空气中各式各样的污染物排至室外，如将甲醛、苯、二氧化碳和氡排至室外，提高室内空气洁净度。室内污染空气净化效果取决于空气净化新风机输送洁净新风的流量大小。

三、紫外线空气消毒器

紫外线空气消毒器，按《紫外线空气消毒器安全与卫生标准》（GB 28235—2011）的定义是指利用紫外线杀菌灯、过滤器和风机为元器件组成的消毒器械，以达到消毒目的的设备。

紫外线灭菌灯（ltraviolet germicidal lamp）是一种波长为253.7nm的低气压汞蒸气放电灯。紫外线（UV）具有抑制或杀灭空气中细菌和真菌等生物污染物的能力。

将紫外线空气消毒器应用于室内，照射能杀灭室内空气中的细菌和病毒等微生物，降低空气微生物污染，减少疾病的传播。

四、臭氧空气消毒器

臭氧（O_3）空气消毒器常用于抑制或杀灭空气中细菌和真菌等生物污染物，但是臭氧用于空气灭菌的能力非常弱，比甲醛灭菌能力还要低。如果使用臭氧进行灭菌，要求灭活率达到99.9%，臭氧浓度应该达到200ppm（400mg/m³），并且连续杀灭数小时。

臭氧本身也是空气污染物，美国环保环境署（U.S Environmental Protection Agency，简称EPA）认为，臭氧对人体的损害，超过杀死微生物的效益。

第二节　空气净化材料

目前在市场上具有净化功能的净化治理材料种类比较多，有活性炭、氧化铝、硅胶、分子筛以及各式各样化学制剂等多类材料。材料形态有固态的也有液态的，可去除室内车内环境中的甲醛、苯等空气污染物。

一、活性炭

活性炭微孔丰富、比表面积大、吸附能力很强，广泛用于室内空气净化，特别是室内装饰装修和家具造成的室内空气污染，去除空气中苯等 VOCs 气体污染物。

活性炭按材质分类有椰壳活性炭、果壳活性炭、木质活性炭、煤质活性炭等。

1. 性能指标

活性炭的主要性能指标是碘值、苯吸附量和比表面积。如颗粒状活性炭要求碘值≥950mg/g，苯吸附量≥450mg/g，比表面积在 $900\sim1100m^2/g$ 之间。

椰壳活性炭外观呈黑色颗粒状，孔隙结构发达，是普通活性炭的 5 倍，其比表面积为 $1500m^2/g$。

2. 改性活性炭

化学吸附剂通常以活性炭、硅胶、分子筛和氧化铝等作为担体，浸渍一些活性化学物质，或者与这些活性化学物质混合，经过适当的处理制备成复合净化材料。其优点是能够同时对多种空气污染物起到中和反应、氧化还原反应和催化氧化反应，将有害气体污染物反应生成无毒无害或低毒物质，去除空气中 VOCs 和含氮、硫化合物等气体污染物。

二、抗菌剂

1. 有机抗菌剂

有机抗菌剂采用有机氯、有机硫和有机氮等化合物，如二葵基二甲基铵盐酸盐（DDAC）、甲苯十四烷基二甲基铵盐酸盐（BZC）含氮化合物，或者采用天然植物提取物，抑制和杀死细菌和真菌等微生物。

2. 无机抗菌剂

无机抗菌剂主要是指用银、铜、锌等作为抗菌金属的抗菌剂。无机抗菌剂也包括速效性的、消耗性的次氯酸、二氧化氯、过氧化氢和碘抗菌剂。

将有机抗菌剂和无机抗菌剂用于建筑材料、家用电器、家庭用品，抑制和杀死微生物，减少室内环境中潜在的微生物污染源，达到控制室内空气微生物污染的效果。

第二章　净化产品性能检测技术

第一节　空气净化器性能检测技术

国家标准《空气净化器》（GB/T 18801—2015）规定了空气净化器去除空气中的悬浮颗粒物、气体污染物和微生物的性能指标及试验方法。

一、洁净空气量及其计算

洁净空气量（clean air delivery rate，简称 CADR）是表征净化器产品净化能力的参数，也是表征空气净化器净化功能的参数，反映出空气净化器可去除哪些空气污染物，去除这些污染物的净化能力大小，是评价空气净化器净化性能的重要依据。

1. CADR 表达式

空气净化器的洁净空气量，按方程式（6-1）计算。

$$CADR = V(k_e - k_n) \tag{6-1}$$

式中　CADR——洁净空气量，m^3/min；

　　　　V——试验舱容积，m^3；

　　　　k_e——总衰减常数，min^{-1}；

　　　　k_n——自然衰减常数，min^{-1}。

2. 理论依据

CADR 的理论依据是指数方程式（6-2）。

$$C_t = C_0 e^{-kt} \tag{6-2}$$

式中　C_t——在时间 t 时的浓度；

　　　　C_0——在 $t=0$ 时的初始浓度；

　　　　k——衰减常数；

　　　　t——时间。

依据指数方程式（6-2），利用 Microsoft Excel 软件，以 C_t 对 t 作线性回归处理，求得衰减常数 k 和相关系数平方值 R^2。

二、洁净空气量试验方法

空气净化器的 CADR，不是一项能直接测定读取数值的参数，是通过在容积 $30m^3$ 试验舱内，测定空气污染物自然衰减和总衰减的浓度数据，经统计学处理获得的数值。CADR 受测定方法、上下检测限、操作误差等因素影响，测定后应进行可靠性检验，误差不应超过10％。

CADR 试验方法：

（1）将空气净化器放置于容积 $30m^3$ 试验舱内，检验运转正常后关闭电源。

（2）净化舱内空气，使本底浓度小于仪器的检测下限。

（3）污染物发生，使浓度达到卫生标准的 5～10 倍，搅拌混合均匀。

（4）使用仪器测定污染物的初始浓度（$t=0$）。

（5）衰减浓度测定方法是：每 2min 测定一次污染物浓度，连续测定 20min。

注：自然衰减浓度的测定，空气净化器关闭；总衰减浓度测定，空气净化器运行。

（6）自然衰减常数和总衰减常数，按式（6-2）计算。

（7）CADR 值，按式（6-1）计算。

三、去除微生物的性能试验

空气净化器去除微生物的净化性能，在模拟或试验条件下运行 1h，其抗菌（除菌）率≥50%，按式（6-3）计算。

$$\eta_t(\%)=\frac{C_t(1-\eta_c)-C_{t0}}{C_{t0}(1-\eta_c)}\times100\%\qquad(6\text{-}3)$$

式中　η_t——试验组抗菌（除菌）率，%；

　　　C_t——试验组结束时菌落数，CFU/m³；

　　　C_{t0}——试验组初始时菌落数，CFU/m³。

　　　η_c——对照组自然消亡率，%；

$$\eta_c(\%)=\frac{C_c-C_{c0}}{C_{c0}}\times100\%$$

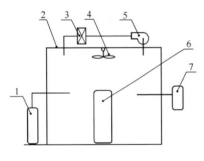

图 6-1　试验舱及试验装置

1—污染物发生器；2—试验舱；3—高效过滤器；4—搅拌风扇；5—送风机；6—空气净化器；7—分析仪器

其中，C_c——对照组结束时菌落数，CFU/m³；

　　　C_{c0}——对照组初始时菌落数，CFU/m³。

四、试验舱结构

（1）试验舱结构，如图 6-1 所示。

（2）容积为 3.5m×3.4m×2.5m＝30m³。

（3）用不释放、不吸附的惰性非吸附性材料，如不锈钢构成。缝隙用玻璃胶密封。

（4）环境条件控制系统有空气净化系统和温度、湿度调节系统，控制环境温度在（23±2）℃，相对湿度在 50%±10% 之间。

（5）要求有良好的气密性，空气泄漏率应小于 0.05/h。

第二节　新风机性能检测技术

空气净化新风机的过滤效率（fillter efficiency）或称净化效率（cleanning efficiency）是表征新风机产品过滤去除新风中空气污染物的净化能力参数，同时也反映出新风机可去除哪些空气污染物，去除这些污染物的净化能力大小，是新风机的核心指标，评价空气净化新风机净化性能的重要依据。

1. 过滤效率检验

空气净化新风机过滤效率的检验按图 6-2 新风机过滤效率检验装置进行检验。在新风机额定通风量下,发生空气污染物的浓度在卫生标准浓度 5～10 倍的范围内某一浓度流动通过过滤材料,同时分别在入口采样导管和出口采样导管处检测污染物的浓度。

然后,按式(6-4)计算过滤效率。

$$\eta = \frac{C_1 - C_2}{C_1} \times 100\% \tag{6-4}$$

式中 η——过滤效率,%;

C_1——入口处浓度;

C_2——出口处浓度。

2. 新风量

空气净化新风机输送的新风量即其风量,按图 6-3 所示的五个测试点检验新风机的风量,然后用五个点的平均值表示。

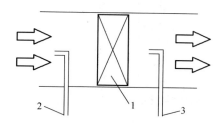

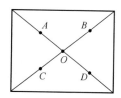

图 6-2 新风机过滤效率检验装置   图 6-3 新风机风量测定点位置示意图

1—过滤材料;2—入口采样导管;3—出口采样导管

第三节 空气净化材料性能检测方法

一、依据标准

依据《室内空气净化产品净化效果测定方法》(QB/T 2761—2006)的规定对净化产品的净化效果进行测定。

二、检测方法

(一)试验准备

(1)有产品说明书的产品,按说明书进行处理。

(2)无产品说明书的产品,将产品喷涂在 3 张 1m^2 的基纸上。

喷涂用量:喷 100g;涂 200g。

(二)封闭试验

将喷涂有产品的纸分别悬挂在 A 和 B 试验舱内;将污染源分别放置于 A 和 B 舱内;封闭时间为 24h。

(三)采样

使用恒流空气采样器分别采集 A 和 B 舱内空气样品,然后分析测定目标污染物的浓度。

三、结果计算

环保产品净化效果的去除率按式（6-5）计算。

$$y = \frac{C_A - C_B}{C_A} \times 100\%$$
(6-5)

式中　y——去除率，%；

C_A——空白舱 A 污染物的浓度值，mg/m^3；

C_B——样品舱 B 污染物的浓度值，mg/m^3。

四、试验舱

（1）试验舱及体积：试验舱如图 6-4 所示，体积 1.5m^3。

图 6-4　试验舱

（2）材料：试验舱由铝型材和玻璃构成。

（3）气密性：试验舱的泄漏率要求≤0.05%。

第四节　紫外线表面消毒效果评价方法

一、指示菌

（1）大肠杆菌（8099 或 ATCC 25922）；

（2）枯草杆菌黑色变种芽孢（ATCC 9372）。

二、物理学指标

（1）在电压 220V 时，普通 30W 直管型紫外线灯，在室温为 20～25℃的使用情况下，253.7nm 紫外线辐射强度（垂直 1m 处）应≥70μW/cm^2。

（2）在电压 220V 时，高强度紫外线灯，在室温为 20～25℃的使用情况下，253.7nm 紫外线辐射强度（垂直 1m 处）应≥200μW/cm^2。

（3）照射剂量按式（6-6）计算。

$$剂量(\mu W \cdot s/cm^2) = 强度(\mu W/cm^2) \times 时间(s)$$
(6-6)

三、物理学检测方法

（1）灯管的紫外线强度（μW/cm^2）用中心波长为 253.7nm 的紫外线强度测定仪（标定有效期内）在灯管垂直位置 1m 处测定。

（2）在实际应用中消毒表面的照射强度应以灯管与消毒对象的实际距离测定。

（3）表面消毒接受的照射剂量，应达到杀灭目标微生物所需剂量。对大肠杆菌，照射剂量应达到 $20000\mu W \cdot s/cm^2$，对枯草杆菌黑色变种芽孢照射剂量应达到 $100000\mu W \cdot s/cm^2$。

四、生物学检测方法

（1）采用载体定量消毒试验

载体制备：将灭菌载体平放于灭菌平皿内，每个载体滴注定量菌液（载体回收菌量达 $5 \times 10^5 \sim 5 \times 10^6 CFU/$片），涂匀，放 $37℃$ 培养箱待干。

（2）开启紫外线灯 5min 后，将 8 个染菌玻片平放于灭菌器皿中，水平放置于适当距离照射，于 4 个不同间隔时间各取出 2 个染菌玻片，分别投入 2 个盛有 5mL 洗脱液（1％吐温 80，1％蛋白胨生理盐水）的试管中，振打 80 次。

（3）经适当稀释后，取 0.5mL 洗脱液，作平板倾注，每个染菌玻片接种两个，于 $37℃$ 培养 48h 作活菌计数。

（4）阳性对照，除不作照射处理外，取出 2 个染菌玻片分别投入 2 个盛有 5mL 洗脱液试管中，振打 80 次，然后按（3）的方法培养计数。

（5）杀灭率计算

杀灭率按式（6-7）计算。

$$杀灭率(\%) = \frac{阳性对照回收菌数 - 试验组回收菌数}{阳性对照回收菌数} \times 100\% \qquad (6\text{-}7)$$

五、判定方法

（1）当指示菌杀灭率≥99.9％时判定为消毒合格。

（2）达物理学检测标准时，作为消毒合格的参考标准。

第七篇

装饰装修工程
室内环境污染控制
和净化技术

第一章 装饰装修污染控制措施

第一节 优化装饰装修设计方案控制污染

在现代住宅和办公建筑物建设中，室内装饰装修工程是不可或缺的重要组成部分，采用装饰装修材料或饰物，对建筑物的内外表面及空间进行各种处理，保护建筑物的主体结构、完善建筑物的使用功能和美化建筑物。

室内装饰装修工程验收，按《建筑装饰装修工程质量验收规范》（GB 50210—2018）的规定，属于建筑工程的分部工程，其划分为建筑地面、抹灰、外墙防水、门窗、吊顶、轻质隔墙、饰面板、饰面砖、幕墙、涂饰、裱糊与软包、细部工程等12个子分部工程。每个子分部工程又划分为若干个分项工程。

装饰装修工程使用的材料释放出氡、氨、甲醛和苯等有害物质，成为室内空气中的主要污染来源之一。尤其是人造木板、地板、油漆、涂料、胶粘剂等材料，可释放出大量的甲醛和苯、甲苯、二甲苯等挥发性有机化合物（VOCs），容易造成室内空气严重污染。在装饰装修过程中应严格控制，使室内空气污染物的浓度值达到相关标准的要求。

室内装饰装修工程，在设计方案上，考虑承载量、材料使用量、室内新风量和污染物提前量四个因素，可以将室内空气污染控制在可接受的水平，降低装修材料中的有害物质给人体健康带来的风险。

一、室内环境污染控制水平

按《住宅装饰装修工程施工规范》（GB 50327—2001）规定，住宅装饰装修控制室内环境污染物为氡（Rn-222）、甲醛、苯、氨和总挥发性有机化合物（TVOC）浓度。住宅装饰装修后，应对氡、甲醛、苯、氨和总挥发性有机化合物（TVOC）全部或部分进行采样测定，室内环境污染物的浓度限值应符合表7-1的要求。

表 7-1　住宅装饰装修后室内环境污染物的浓度限值

室内环境污染物	浓度限值
氡（Rn-222）（Bq/m^3）	≤200
甲醛（mg/m^3）	≤0.08
苯（mg/m^3）	≤0.09
氨（mg/m^3）	≤0.20
总挥发性有机化合物 TVOC（mg/m^3）	≤0.50

二、计算承载量

在室内装饰装修方案的设计上，合理计算室内空间承载量。所谓空间承载量，即室内使用装饰装修材料的面积（或质量）与室内空间体积的比值。

按照室内空间体积、装饰装修材料中污染物的释放量，以及卫生标准值，即可计算出材料的合理使用量。在一定量的室内空间中，装饰装修材料的用量不可超过空间承载量，室内空气中有害物质不应出现超标现象，这样可以有效地防止室内环境污染问题。

三、材料使用量

搭配各种装饰装修材料的使用量。特别是地面材料，最好不要使用单一的材料，因为地面材料在室内装饰材料中使用比例比较大，如果选择单一材料会造成室内空气中某种有害物质超标。

四、室内新风量

室内保持良好的通风换气，保证室内有足够的新风量。按照国家《室内空气质量标准》（GB/T 18883—2002）中规定，室内新风量每人每小时应不少于$30m^3$。这样既满足新风量的需求，也能不断地将室内空气污染物排除至室外，改善室内空气质量。

五、污染物提前量

建筑装饰装修时，应为室内购买家具和其他装饰用品的污染留好提前量。否则购买家具和其他装饰用品释放出来的空气污染物，由于在室内空气中的累加效应，就可能会造成室内污染物质超标。

第二节　人造板及其制品污染控制

一、人造板

1. 甲醛污染源

室内装饰装修材料使用的人造板及其制品，种类繁多，有纤维密度板、刨花板、胶合板、细木工板、重组装饰材、单板积材、集成材、饰面人造板、木质地板、木质墙板、木质门窗等。

目前，人造板生产时使用的胶粘剂是以甲醛为主要成分的脲醛树脂胶，人造板材中残留的和未参与反应的甲醛会逐渐向周围环境释放，污染室内空气，容易导致室内空气中甲醛浓度超标。

据调查，生产每立方米的中密度纤维板所需要的含有甲醛的脲醛树脂胶粘剂的用量是160～180kg，胶合板约80kg。据推算，生产一张标准规格的普通中密度板（1220mm×2440mm×18mm），需要耗用4kg左右的甲醛。制造一套人造板的橱柜需要耗用16～32kg甲醛。制造一套人造板的衣柜，需要耗用30～35kg甲醛。

尤其密度板，包括室内装饰装修和家具制造中使用的各种纤维板、刨花板等，是将木材加工剩余物、小径木、木屑等物切削成一定规格的碎片，经过干燥、拌以胶料、硬化剂、防水剂等，在一定温度、压力下压制成的一种人造板。其中也使用一些竹制、秸秆、甘蔗渣等纤维。据测算，生产每立方米的密度板所需要的含有甲醛的脲醛树脂胶粘剂的用量一般在200～250kg之间。

据研究报道，在美国市场上的胶合板、刨花板和中密度纤维板释放甲醛的平均发射速率分别为 $0.17mg/m^2 \cdot h$、$0.30mg/m^2 \cdot h$ 和 $1.5mg/m^2 \cdot h$，有些人造板材释放甲醛的半衰期可长达 4.4 年，将会长期污染室内空气，存在影响人体健康的风险。

2. 甲醛释放限量

《室内装饰装修材料　人造板及其制品中甲醛释放限量》（GB 18580—2017）规定了室内装饰装修用各种类人造板及其制品中甲醛释放量限量值为 $0.124mg/m^3$，限量标识 E_1。

室内装饰装修材料甲醛释放限量测定方法，将表面积为 $1m^2$（500mm×500mm，2 块）的样品放入温度、相对湿度、空气流速和空气置换率控制在一定值的容积为 $1m^3$ 的气候箱内，直到气候箱内的空气中甲醛浓度达到稳定状态为止，测定气候箱内空气中的甲醛浓度，以毫克每立方米（mg/m^3）表示。检测方法按《人造板及饰面人造板理化性能试验方法》（GB/T 17657—2013）中规定的气候箱法进行测定。

3. 材料使用量

在室内装饰装修中，使用的各种类人造板及其制品，应符合 GB 18580—2017 中规定的甲醛释放量不应超过 $0.124mg/m^3$ 的要求，并依据甲醛释放限量的测定方法，按室内空间体积和装饰装修材料的释放量合理计算出空间承载量，评估材料的使用量，防止室内空气中的甲醛浓度超标。

二、实木家具

《室内装饰装修材料　木家具中有害物质限量》（GB 18584—2001）规定了木家具中甲醛的释放限量，应符合《室内装饰装修材料　人造板及其制品中甲醛释放限量》（GB 18580—2017）规定的室内装饰装修用各种类人造板及其制品中甲醛释放量限量值不应超过 $0.124mg/m^3$ 的要求。

家具使用人造板，就会存在甲醛污染问题。目前市场上的实木家具可分为三类：全实木家具用同一种原木锯材制作；实木家具用实木和人造板混合制造，一般侧板顶、底、搁板等部件用薄木贴面的刨花板或中密度板；实木面家具是指家具门、面等外露部位以原木锯材制作，而门板和侧板使用人造板。

三、板式家具

板式家具是以中密度纤维板或刨花板等人造板为主要基材。人造板材生产的板式家具、办公家具、厨房家具甲醛含量，应该符合《室内装饰装修材料　人造板及其制品中甲醛释放限量》（GB 18580—2017）规定的室内装饰装修用各种类人造板及其制品中甲醛释放量限量值为 $0.124mg/m^3$ 的要求。

家具在制造过程中，应按标准要求对人造板部件进行封边处理，以降低部件截面大量散发游离甲醛导致甲醛释放量超标的可能性。

四、儿童家具

儿童家具木制件甲醛释放量，应符合（GB 18580—2017）规定的限量不应超过 $0.124mg/m^3$ 的要求。

儿童家具产品材料中有害物质含量，应符合《儿童家具通用技术条件》（GB 28007—2011)规定的有害物质限量要求，见表 7-2。

表 7-2 有害物质限量的要求

表 7-2 有害物质限量的要求

材 料	项 目	指 标
木制件	甲醛释放量	≤0.124mg/m³
纺织面料	游离甲醛	≤30mg/kg
	可分解芳香胺	禁用
皮革	游离甲醛	≤30mg/kg
	可分解芳香胺	禁用
塑料	邻苯二甲酸酯（DBP、BBP、DEHP、DNOP、DINP 和 DIDP 的总量）	≤0.1%

五、木门

木门一般是用两块大芯板，贴上实木皮子做成的；或用密度板表面贴装饰单板制作的复合门。许多住宅装修至少选用 3～5 个以上的木门，表面积在 20m² 以上，因此，室内容易出现木门甲醛污染问题。

第三节 化学材料污染控制

在室内装饰装修中，使用大量的化学装饰装修材料，如涂料和胶粘剂等产品，可释放出大量的甲醛和挥发性有机化合物（VOCs）苯、甲苯、二甲苯等污染物，必须采取控制措施降低室内空气污染。

一、涂料

涂料成分十分复杂，如室内装饰装修用的硝基漆类、聚氨酯漆类和醇酸漆类溶剂型涂料，含有很多有机化合物。涂料在使用过程中可向空气中释放大量的苯、甲苯、二甲苯等挥发性有机化合物。

1. 溶剂型木器涂料

选用溶剂型木器涂料时，应符合《室内装饰装修材料 溶剂型木器涂料中有害物质限量》（GB 18581—2009）规定的室内装饰装修用硝基漆类、聚氨酯漆类和醇酸漆类溶剂型木器涂料中有害物质限量的要求，见表 7-3。

表 7-3 有害物质限量的要求

项 目	限 量 值				
	聚氨酯漆类		硝基类涂料	醇酸类涂料	腻子
	面漆	底漆			
挥发性有机化合物（VOCs）含量（g/L） ≤	光泽（60°）≥80，580 光泽（60°）<80，670	670	720	500	550
苯含量（%） ≤	0.3				
甲苯、二甲苯、乙苯含量总和（%） ≤	30		30	5	30

续表

项　目	限　量　值				
	聚氨酯类涂料		硝基类涂料	醇酸类涂料	腻子
	面漆	底漆			
游离二异氰酸酯（TDI，HDI）含量总和（%）　　≤	0.4		—	—	0.4（限聚氨酯类腻子）
甲醇含量（%）　　　　　　≤	—		0.3	—	0.3（限硝基类腻子）
卤代烃含量（%）　　　　　≤	0.1				

2. 内墙涂料

内墙涂料就是一般装修用的水溶性漆和乳胶漆。内墙涂料的制作成分中基本上由水、颜料、乳液、填充剂和各种助剂组成。内墙涂料有害物质主要是成膜助剂中的VOCs：苯、甲苯、乙苯、二甲苯和甲醛。

选用水性墙面涂料时，应符合《室内装饰装修材料　内墙涂料中有害物质限量》（GB 18582—2008）规定的室内装饰装修用水性墙面涂料中有害物质限量的要求，见表7-4。

表 7-4　有害物质限量的要求

项　目	限　量　值	
	水性墙面涂料	水性墙面腻子
挥发性有机化合物（VOCs）　　　　　≤	120g/L	15g/kg
苯、甲苯、乙苯和二甲苯总和（mg/kg）　≤	300	
游离甲醛（mg/kg）　　　　　　　　　≤	100	

二、胶粘剂

胶粘剂中挥发性有机化合物（VOCs）的含量，应符合国家标准《室内装饰装修材料　胶粘剂中有害物质限量》（GB 18583—2008）和《室内装饰装修材料　地毯、地毯衬垫及地毯胶粘剂有害物质释放限量》（GB 18587—2001）的要求。

1. 溶剂型胶粘剂

选用溶剂型胶粘剂时，应符合《室内装饰装修材料　胶粘剂中有害物质限量》（GB 18583—2008）规定的溶剂型胶粘剂中有害物质限量值要求，见表7-5。

表 7-5　溶剂型胶粘剂中有害物质限量值

项　目	指　标			
	氯丁橡胶胶粘剂	SBS胶粘剂	聚氨酯类胶粘剂	其他胶粘剂
游离甲醛（g/kg）	≤0.50		—	
苯①（g/kg）	≤5.0			
甲苯＋二甲苯（g/kg）	≤200	≤150	≤150	≤150
甲苯二异氰酸酯（g/kg）	—	—	≤10	—

续表

项　目	指　标			
	氯丁橡胶胶粘剂	SBS胶粘剂	聚氨酯类胶粘剂	其他胶粘剂
二氯甲烷（g/kg）	总量≤5.0	≤50	—	≤50
1,2-二氯乙烷（g/kg）		总量≤5.0		
1,1,2-三氯乙烷（g/kg）				
三氯乙烯（g/kg）				
总挥发性有机物（g/L）	≤700	≤650	≤700	≤700

① 苯不能作为溶剂使用，作为杂质其最高含量不得大于表中的规定。

2. 水基型胶粘剂

选用水基型胶粘剂时，应符合 GB 18583 规定的水基型胶粘剂中有害物质限量值要求，见表7-6。

表 7-6　水基型胶粘剂中有害物质限量值

项目	指　标				
	缩甲醛类胶粘剂	聚乙酸乙烯酯胶粘剂	橡胶类胶粘剂	聚氨酯类胶粘剂	其他胶粘剂
游离甲醛（g/kg）	≤1.0	≤1.0	≤1.0	—	≤1.0
苯（g/kg）	≤0.20				
甲苯＋二甲苯（g/kg）	≤10				
总挥发性有机物（g/L）	≤350	≤110	≤250	≤100	≤350

3. 本体型胶粘剂

选用本体型胶粘剂时，应符合 GB 18583 规定的本体型胶粘剂中有害物质限量值的要求，见表7-7。

表 7-7　本体型胶粘剂中有害物质限量值

项　目	指　标
总挥发性有机物（g/L）	≤100

4. 地毯胶粘剂

选用地毯胶粘剂时，应符合《室内装饰装修材料　地毯、地毯衬垫及地毯胶粘剂有害物质释放限量》（GB 18587—2001）规定的地毯胶粘剂中有害物质释放限量的要求，见表7-8。其中，A级为环保型产品，B级为有害物质释放限量合格产品。

表 7-8　地毯胶粘剂有害物质释放限量

序　号	有害物质测试项目	限量[mg/(m² · h)]	
		A级	B级
1	总挥发性有机化合物（TVOC）	≤10.000	≤12.000
2	甲醛（Formaldehyde）	≤0.050	≤0.050
3	2-乙基己醇 (2-ethyl-1-hexanol)	≤3.000	≤3.500

第四节 其他装饰装修材料污染控制

一、壁纸

壁纸是指主要以纸为基材，通过胶粘剂贴于墙面或顶棚板上的装饰材料。壁纸中的氯乙烯单体和甲醛有害物质限量值，应符合《室内装饰装修材料 壁纸中有害物质限量》（GB 18585—2001）规定的要求，见表 7-9。

表 7-9 壁纸中的有害物质限量值

有害物质名称	限量值（mg/kg）
氯乙烯单体	≤1.0
甲 醛	≤120

二、聚氯乙烯卷材地板

聚氯乙烯卷材地板，应符合《室内装饰装修材料 聚氯乙烯卷材地板中有害物质限量》（GB 18586—2001）规定的卷材地板中挥发物的限量的要求，见表 7-10。

表 7-10 聚氯乙烯卷材地板中挥发物的限量

发泡类卷材地板中挥发物的限量（g/m²）		非发泡类卷材地板中挥发物的限量（g/m²）	
玻璃纤维基材	其他基材	玻璃纤维基材	其他基材
≤75	≤35	≤40	≤10

三、地毯和地毯衬垫

室内装饰装修材料用地毯和地毯衬垫，应符合《室内装饰装修材料 地毯、地毯衬垫及地毯胶粘剂有害物质释放限量》（GB 18587—2001）规定的有害物质释放限量的要求，见表 7-11、表 7-12。

表 7-11 地毯有害物质释放限量

序 号	有害物质测试项目	限量[mg/(m²·h)]	
		A 级	B 级
1	总挥发性有机化合物（TVOC）	≤0.500	≤0.600
2	甲醛（Formaldehyde）	≤0.050	≤0.050
3	苯乙烯（Styrene）	≤0.400	≤0.500
4	4-苯基环己烯（4-Phenylcyclohexene）	≤0.050	≤0.050

表 7-12　地毯衬垫有害物质释放限量

序　号	有害物质测试项目	限量[mg/(m² · h)]	
		A 级	B 级
1	总挥发性有机化合物（TVOC）	≤1.000	≤1.200
2	甲醛（Formaldehyde）	≤0.050	≤0.050
3	丁基羟基甲苯（BHT-butylated hydroxytoluene）	≤0.030	≤0.030
4	4-苯基环己烯 （4-Phenylcyclohexene）	≤0.050	≤0.050

四、纺织品

室内装饰纺织品，包括床上用品、窗帘、墙布、墙纸、化纤地毯和布艺家具，应符合《国家纺织产品基本安全技术规范》（GB 18401—2010）规定的每千克纺织品中甲醛含量不得超过 300mg。

五、装饰装修材料放射性核素

装饰装修材料中的放射性核素，应符合《建筑材料放射性核素限量》（GB 6566—2010）中规定的装饰装修材料中天然放射性核素镭-226、钍-232、钾-40 放射性比活度限量的要求，见表 7-13。

表 7-13　装饰装修材料中镭-226、钍-232、钾-40 放射性比活度的限值

材料		内照射指数（I_{Ra}）	外照射指数（I_r）
装饰装修材料	A 类装饰装修材料	≤1.0	≤1.3
	B 类装饰装修材料	≤1.3	≤1.9
	C 类装饰装修材料	—	$1.9 < I_r ≤ 2.8$

1. A 类装饰装修材料

GB 6566—2010 规定 A 类装饰装修材料产销和使用范围不受限制。

2. B 类装饰装修材料

GB 6566—2010 规定 B 类装饰装修材料不可用于Ⅰ类民用建筑的内饰面，但是可用于Ⅱ类民用建筑物、工业建筑内饰面及其他一切建筑外饰面。

3. C 类装饰装修材料

GB 6566—2010 规定 C 类装饰装修材料只可用于建筑物的外饰面及室外其他用途。

第二章　室内环境净化技术

第一节　通风换气净化技术

一、自然通风

"自然通风"即打开建筑物门窗进行通风换气的方法。在理论上，自然通风是指室内在没有通风机械作用下，依靠室外风力造成的风压和室内外空气温度差所造成的热压使空气流动的通风方式。自然通风的作用是从室外向室内输送新鲜空气和排出室内空气污染物。

利用自然通风，将室内装饰装修空气污染物排至室外，是最简单、最方便快捷、最有效的改善室内空气质量的方法之一。

自然通风，当室内发生的空气污染物量与室外进入的空气量之和等于排出量时，室内空气中污染物的浓度达到相对稳定状态，如式（7-1）所示。

$$C_0 Q_入 + M = C Q_出 \tag{7-1}$$

设

$$Q_入 = Q_出 = Q$$

则

$$C = C_0 + \frac{M}{Q}$$

式中　C——室内空气污染物的浓度；

C_0——室外空气污染物的浓度；

M——室内污染物发生量；

Q——自然通风风量；

$Q_入$——室外进入风量；

$Q_出$——室内排出风量。

由式（7-1）可见，利用自然通风改善室内空气质量，增大自然通风风量，可使室内空气中污染物浓度快速降低，并趋向于接近室外的浓度，室内空气质量得到显著改善，但是绝对不会优于室外空气质量。

在通常状况下，室外空气中VOCs的浓度很低。新装饰装修的建筑物，使用大量涂料、胶粘剂和新材料，室内空气中VOCs的浓度往往比室外浓度高数倍以上。由式（7-1）可见，采用室外新鲜空气将室内装饰装修产生的甲醛、苯、甲苯、二甲苯等VOCs气体污染物排至室外，使浓度降低至接近室外浓度，可显著改善室内空气质量。因此，自然通风是排除室内装饰装修污染物的最佳方法之一。

另外，应提及的是，在冬季供暖、夏季制冷时，自然通风换气将会增加能源消耗。因为需要消耗大量能源将室外进入的空气加热或冷却至室内温度。

二、机械通风

机械通风是指采用通风机械实现换气，以获得安全、健康等适宜的空气环境的技术。

排风扇由电动机带动风叶旋转驱动气流进行强制通风，使室内外空气交换的空气调节电器。排风扇也称为排风机、排气扇、换气扇，最高风量可达 8000m³/h。

采用排风扇进行通风换气可将室内装饰装修产生的甲醛、苯、甲苯、二甲苯等 VOCs 气体污染物排至室外，使室内空气中污染物的浓度降低至接近室外浓度，有效地改善室内空气质量。

使用排风扇可增大通风量，能够快速将室内污染物排出室外，但是在净化效果和能源消耗方面与自然通风没有本质上的差异。

第二节 空气净化器

一、结构和种类

1. 结构

空气净化器主要由空气净化装置、送风机等部件构成，用于家庭、办公室和公共场所等环境，具有可去除空气中一种或多种污染物功能的空气净化设备，如图 7-1 所示。

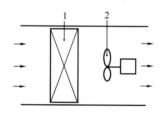

图 7-1 空气净化器示意图
1—净化装置；2—送风机

2. 种类

按净化原理分：静电除尘式、过滤除尘式、物理吸附式、化学吸附式和等离子体式等 10 余种类型的空气净化器。

按去除对象分：除尘式、除气体污染物式、消毒（除空气微生物）式和除氡式空气净化器。

按用使用场所分：家用式、商用式、车载式等空气净化器。

二、净化性能指标

目前，市场上销售的空气净化器产品，使用的净化性能评价指标主要有洁净空气量、去除率、净化（过滤）效率。

"洁净空气量"（CADR）指标，是国家标准《空气净化器》（GB/T 18801）规定空气净化器产品使用的一项重要净化性能指标，以 m³/h 表示。

《空气净化器》（GB/T 18801）的洁净空气量（CADR），按式（7-2）计算。

$$CADR = V(k_e - k_n) \tag{7-2}$$

式中　CADR——洁净空气量，m³/min；

　　　V——试验舱容积，m³；

　　　k_e——总衰减常数，min⁻¹；

　　　k_n——自然衰减常数，min⁻¹。

CADR 的理论依据是指数方程式（7-3）：

$$C_t = C_0 e^{-kt} \tag{7-3}$$

式中　C_t——在时间 t 时的浓度；

　　　C_0——在 $t=0$ 时的初始浓度；

k——衰减常数；

t——时间。

依据指数方程式（7-3），利用 Microsoft Excel 软件，以 C_t 对 t 作线性回归处理，求得衰减常数 k 和相关系数平方值 R^2。

1. 反映净化能力

CADR 值是表征空气净化器净化能力的参数，能够科学、准确地反映出其去除空气污染物的能力。CADR 可以为比较和评价不同品牌的空气净化器去除空气污染物的能力提供科学依据。

当空气净化器的 CADR 数值越大时，反映空气净化器净化能力越强，室内车内空气中污染物浓度降低的速度越快，相对稳定状态的曲线越往下移动，室内车内空气中污染物的浓度越低，空气质量越高，如图 7-2 所示。

2. 反映净化功能

CADR 值不仅适用于评价空气净化器去除悬浮颗粒物的能力，也适用于评价去除其他空

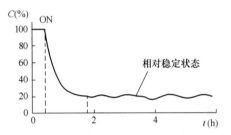

图 7-2　室内车内空气净化效果

气污染物的能力。空气净化器对可去除的每一种空气污染物都有一个对应的 CADR 值。

3. 为用户选购方便

为用户选购空气净化器提供有参考价值的数据，起到商家与用户沟通的桥梁作用。

三、净化效果的估算

洁净空气量（CADR）是表征空气净化器净化能力的参数，可去除目标污染物的 CADR 数值越大，空气净化器的净化能力越高，适用面积越大，室内空气污染物的去除速度越快。

按式（7-4），用 CADR 估算适用面积。

$$S_{面积} \approx 0.15 \times CADR \qquad (7\text{-}4)$$

式中　$S_{面积}$——适用面积，m^2；

　　　CADR——洁净空气量，m^3/h。

在通常情况下，依据去除目标污染物的 CADR 值，按式（7-4）计算出该 CADR 值的适用面积等于房间使用面积时，空气净化器运行 1h，目标污染物浓度降低至卫生标准值以下。反之，知道房间的使用面积，也可按式（7-4）利用目标污染物的 CADR 值估算出去除室内空气中该污染物的速度，即去除该目标污染物的时间。

第三节　空气净化新风机

一、结构

空气净化新风机是指能够将室外空气经过净化后向室内输送新风的装置。它有两个性能指标：过滤效率和输送新风量。过滤效率以％表示；新风量以 m^3/h 表示。

空气净化新风机主要用于去除室内空气污染物和给室内补充新风。

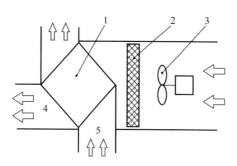

图 7-3　净化新风机示意图

1—热交换器；2—过滤器；3—送风机；

4—送风口；5—回风口

空气净化新风机进行室内通风换气，属于采用动力进行强制通风方式。它主要由空气过滤器、送风机、热交换器和通风管道构成，如图 7-3 所示。热交换器的功能是回收通风过程中的热量，减少能源消耗。

二、洁净新风输送功能

不需要打开房间门窗，就能够有效地向室内输送清洁的新风，不断更新室内空气，满足室内人员对新风质量的需求。

空气净化新风机具有空气过滤器，可安装多种净化材料，去除多种空气污染物，例如，安装静电式除尘装置或者过滤式除尘装置可去除 $PM_{2.5}$、细菌、花粉过敏源等；如果安装物理吸附式过滤装置或者化学吸附式过滤装置可去除 VOCs、二氧化硫、二氧化氮、臭氧等污染物，将室外新风净化后输送入室内。使室外空气污染物不能随着气流进入室内，这种通风换气方式特别适合在室外有工业废气、汽车尾气污染严重的状况下使用，或者雾霾天气时使用。

去除空气污染物的净化能力，通常采用一次性通过新风机的净化效率，以％表示。

三、净化室内空气功能

室内通风换气使用空气净化新风机，在目前来说，是比较理想的通风换气方式，也是其最突出的特点。空气净化新风机属于采用动力进行强制通风方式，向室内输送清洁的新风，使室内处于正压状态，没有选择性地稀释和排出室内空气中各式各样的污染物，如图 7-4 所示。特别是那些难以使用物理化学方法去除的空气污染物，能够稀释和排出室外，使室内的污染物浓度显著降低，有效地改善室内空气质量，提高室内空气洁净度。

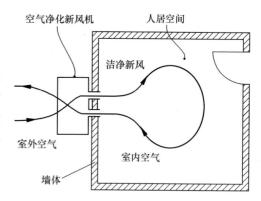

图 7-4　空气净化新风机净化室内空气示意图

例如，建筑物新装饰装修后，导致室内空气中的苯和甲醛等挥发性有机化合物浓度升高，造成室内空气污染的情况，使用空气净化新风机是解决装饰装修污染问题的最佳方法之一。

在公共场所室内人员较多导致二氧化碳浓度升高的情况下，使用空气净化新风机也是解决室内二氧化碳污染问题的最佳方法之一。

四、净化效果的估算

室内空气污染物排出室外的效果主要取决于新风量（m^3/h）。数值越大，净化能力越高，适用面积越大，去除速度越快。其适用面积可按式（7-4）用新风量进行估算。

第四节　过滤除尘技术

一、过滤式除尘空气净化器

1. 结构

过滤式除尘空气净化器一般是指将空气吸引进入空气净化器，把气流中的颗粒物截留在多孔性过滤材料表面上而收集下来的装置。其主要由过滤集尘装置和送风机等部件构成，如图 7-5 所示。

2. 过滤材料

过滤集尘装置通常采用多孔性过滤材料，如无纺布、滤纸、玻璃纤维和有机合成纤维等材料制作。这些孔径弯曲的滤料可收集粒径远小于其孔径的颗粒物，如孔径 $5\mu m$ 多孔性纤维滤纸，去除 $0.3\mu m$ 的颗粒物时，能够获得的除尘效率等于或大于 95%。

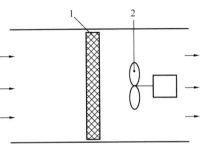

图 7-5　过滤式除尘空气净化器
1—过滤集尘装置；2—送风机

孔径弯曲的滤料收集颗粒物的效率比直孔的高，用于室内空气净化去除颗粒物空气净化器，一般使用无纺布、玻璃纤维等多孔性过滤材料制作。

过滤集尘装置可制作成板式、折叠板式、卷绕式、圆筒式和袋式等结构。

3. 用途

过滤式除尘空气净化器是去除室内空气中的 $PM_{2.5}$ 和 PM_{10} 最有效的方法之一。有些有卫生要求的场合也常用过滤式空气净化器去除空气中的细菌。

目前，一般家用过滤式空气净化器，去除直径 $0.020\sim0.20nm$ 的病毒类微生物的净化能力相对较差。过滤式空气净化器对气体分子态污染物，例如甲醛、苯系物、氨等是无效的。

4. 特点

过滤式空气净化器的特点是除尘效率高、容尘量大、使用寿命长。一般家庭、办公室内空气中的颗粒物浓度较低，长时间运行不用更换过滤材料。

二、过滤除尘技术原理

过滤技术将颗粒物截留在多孔性过滤材料表面上，主要依靠的作用原理有四方面。

1. 直接阻挡

当气流中的颗粒物粒子，随着气流到达过滤材料表面时，动力学直径大于过滤材料微孔孔径的粒子就被阻挡在过滤材料表面上而收集下来。颗粒物粒子的动力学直径越大，除尘效率越高。

2. 惯性沉降

气流中的颗粒物粒子的惯性沉降作用，理论依据是微粒惯性撞击原理，即 Stokes 方程式：

$$stk = \frac{\rho V_0 C D^2}{18\mu d} \qquad\qquad (7-5)$$

式中　stk——惯性撞击参数；

　　　D——微粒直径；

　　　d——喷孔直径；

　　　V_0——气体流速；

　　　ρ——微粒密度；

　　　μ——气体黏度；

　　　C——Cunnigham 滑溜修正因子，在常温常压下，$C=1+0.16\times10^{-4}/D$。

从 Stokes 方程式（7-5）来看，惯性撞击参数（stk）与微粒直径（D）的平方成正比。由于颗粒物粒径比空气分子直径要大得多，当空气流过多孔性过滤材料改变方向时，获得足够大惯性的颗粒物粒子就做惯性运动，离开气流撞击到过滤材料弯曲的孔隙中而被收集下来。

3. 扩散沉降

当空气流速比较低时，空气流过多孔性过滤材料，气流中的颗粒物粒子依靠浓度梯度产生的扩散作用，把颗粒物扩散到浓度低的过滤材料上而被收集下来。

4. 静电吸引

许多过滤材料带有电荷，如尼龙带正电荷，聚丙烯带负电荷，或者当颗粒物粒子带有电荷时，这些静电吸引力可提高空气净化器去除气流中颗粒物的效率。

三、除尘效率影响因素

过滤式除尘空气净化器的除尘效率，主要影响因素：（1）空气参数，包括空气的温度、湿度和流量。（2）颗粒物的特征，包括粒子的形状、大小、密度和浓度。（3）过滤材料的特征，过滤材料的面积、厚度、微孔大小、带电状况等。由于存在惯性沉降、扩散沉降和静电吸引等作用，动力学直径远小于过滤材料微孔孔径的颗粒物粒子，也能够被收集在过滤材料上。

四、HEPA 过滤技术

HEPA 是英文名称 High Efficiency Particulate Air Filter 的缩写，中文名称是高效率空气过滤器。HEPA 由非常细小的有机纤维交织而成，对微粒的捕捉能力较强，孔径微小，吸附容量大，净化效率高，去除 $0.3\mu m$ 微粒的过滤效率等于或大于 99.9%。

高效过滤器最初是以商业、工业和医院洁净室的用途而设计的，特别是应用于建造电子工业洁净室、生物洁净室等需要高洁净度的场所。

五、PM$_{2.5}$去除效率

根据高效过滤器（HEPA），去除 $0.3\mu m$ 微粒的过滤效率$\geqslant$99.9%；超高效过滤集尘装置，去除 $0.3\mu m$ 微粒的过滤效率$\geqslant$99.999%。PM$_{2.5}$的动力学当量直径$\leqslant2.5\mu m$，应能去除空气中的 PM$_{2.5}$。

第五节 静电技术

一、静电式空气净化器

静电除尘式空气净化器由离子化装置、静电集尘装置、送风机和电源等部件构成。一般离子化电极和集尘电极分别设置的结构形式，也就是使用两对电极，一对用于颗粒物粒子荷电，极间施加电压，一般不超过 12kV，以 4kV/cm 左右为宜。另外一对用于捕集分离颗粒物粒子，施加的电压略低于离子化电压，如图 7-6 所示。

静电集尘装置结构采用同轴型集尘器、平板型集尘器和带状集尘器等，除尘效率较高，能捕集粒径小于 $0.01 \sim 0.1 \mu m$ 的微粒，压力损失小。集尘装置为自成一体的独立单元，容易拆卸，便于洗涤。集尘装置的集尘量小，附着在集尘装置极板上的粉尘沉积层达到一定的厚度时，会影响电场工作的效率，集尘极板上的粉尘也可能被气流吹脱落产生二次扬尘而带回空气中，此时，可以将集尘装置极板部件取出清洗，一般 $1 \sim 2$ 周清洗 1 次。

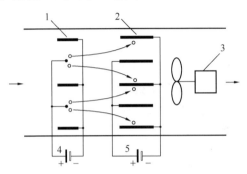

图 7-6 静电除尘空气净化器
1—离子化装置；2—静电集尘装置；
3—送风机；4、5—电源

依据国家标准《家用和类似用途电器的安全 空气净化器的特殊要求》（GB 4706.45—2008）中的规定，要求出风口臭氧浓度不得大于 $0.1 mg/m^3$。

二、静电除尘技术

1. 静电除尘原理

利用阳极电晕放电产生正离子，使气流中的颗粒物粒子带足够的正电荷，然后在电场中流动时，借助库仑力的作用，使带电颗粒物粒子作与气流流动相垂直的方向移动，沉降在带负电荷的静电集尘装置的电极板上，而被从气流中分离出来。

2. 离子化功能

离子化装置的功能是采用正脉冲电晕放电，产生正离子，依靠高压电场，使气流中的颗粒物粒子迅速而有效地带正电荷。在电晕电场中，使颗粒物带正电荷，有两种过程：一是靠离子碰撞荷电，也称电场荷电，即在电场中，由于离子吸附于颗粒物而对颗粒物粒子荷电；二是扩散荷电，即在电场中靠离子的浓度梯度产生的扩散作用而把电荷加在颗粒物粒子上。一般对大于 0.5mm 颗粒物粒子，电场荷电起主要作用，而小于 0.2mm 时则是扩散荷电起主要作用。

3. 集尘功能

静电集尘装置的功能是收集气流中的颗粒物。带电的颗粒物粒子，在库仑力的作用下，沉降在集尘电极板上，其移动速度在斯托克斯（Stokes）范围内时，正比于电场强度和粒子电荷量，则与粒子直径成反比，按式（7-6）计算：

$$w = \frac{K_\mathrm{m}nE}{3\pi\mu d} \tag{7-6}$$

式中　w——粒子移动速度；

　　　n——粒子电荷量；

　　　E——电场强度；

　　　d——粒子直径；

　　　μ——气体黏度系数；

　　　K_m——Cunnigham 修正因子。

其中，

$$K_\mathrm{m} = 1 + \frac{2.48 L_\mathrm{m}}{d} \tag{7-7}$$

式中　L_m——气体分子平均自由程。

三、静电除尘效率的计算

静电除尘效率可达 90％以上。除尘效率按式（7-8）计算：

$$\eta = 1 - \exp\left(-\frac{kwl}{vD}\right) \tag{7-8}$$

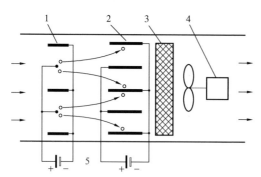

图 7-7　滤电式空气净化器

1—离子化装置；2—静电集尘装置；3—过滤材料集
尘装置；4—送风机；5—电源

式中　η——除尘效率；

　　　l——集尘极板长度；

　　　D——两极板间距；

　　　v——两极板间的平均气流速度，一般取 $v=1\mathrm{m/s}$；

　　　k——系数，平板极板取 $k=1$，圆筒极板取 $k=2$；

　　　w——粒子移动速度。

四、滤电式空气净化器

利用过滤技术与静电技术组合的除尘空气净化器称为滤电式空气净化器，如图 7-7所示。

第六节　物理吸附技术

一、物理吸附式空气净化器

1. 原理

物理吸附式净化器是指用具有大量致密毛细管、多孔、比表面积大的材料作为吸附剂，依靠吸附剂与气体污染物间的范德华力作用，将空气中的气体污染物吸附在吸附剂表面上的空气净化器（图 7-8）。

物理吸附过滤材料，主要用于去除室内空气中的挥发性有机化合物（VOCs）、二氧化硫、硫化氢和氨气等空气污染物。常用的吸附剂有活性炭、硅胶、分子筛和氧化铝等。

2. 特点

物理吸附的作用力是固体吸附剂表面与气体污染物分子之间，以及已被吸附分子与气体污染物分子间的范德华力，包括静电力诱导力和色散力。物理吸附过程不产生化学反应，不发生电子转移、原子重排及化学键的破坏与生成。

吸附作用力的大小与吸附剂的性质和比表面积的大小，气体污染物的性质和浓度的高低、温度的高低等密切相关。

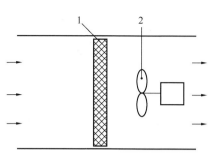

图 7-8　物理吸附式空气净化器
1—物理吸附过滤材料；2—送风机

二、物理吸附的优点和局限性

1. 优点

吸附剂具有广谱性，可吸附多种气体污染物；污染物浓度高、低的场合均可适用；吸附剂易再生。

2. 缺点

吸附剂表面与气体污染物之间的范德华力比较弱，吸引并不是非常牢固的，吸附与脱附作用是可逆的，已吸附的污染物在条件发生变化时会释放出来。

3. 选用原则

吸附剂的选用原则，主要依据被吸附的气体污染物分子直径的大小、极性等。如果是非极性，分子量大的气体污染物，如苯，选用活性炭吸附剂，可获得比较好的吸附效果。

三、活性炭吸附性能

活性炭是一种黑色粉末状、块状、颗粒状的无定形炭。活性炭是用椰壳、核桃壳、杏壳、枣壳等果壳、木材、骨和煤等为原料，先经过炭化，再经过高温活化处理，形成发达的毛细管，使其比表面积及吸附能力达到一定的要求。活性炭的比表面积为 $500\sim1500m^2/g$。

活性炭按照材质分类可分为椰壳活性炭、果壳活性炭、木质活性炭、煤质活性炭等。

活性炭的主要性能指标是碘值、苯吸附量和比表面积。如颗粒状活性炭要求碘值 $\geq950mg/g$，苯吸附量 $\geq450mg/g$，比表面积在 $900\sim1100m^2/g$ 之间。

椰壳活性炭外观呈黑色颗粒状，孔隙结构发达，是普通活性炭孔数量的 5 倍，其比表面积为 $1500m^2/g$。

活性炭比表面积大、微孔丰富、吸附能力强，广泛用于室内空气净化，去除空气中 VOCs 等气体污染物。

四、活性炭吸附容量

1. 吸附容量影响因素

活性炭吸附气体污染物的吸附容量的大小，与许多因素有关。

（1）取决于活性炭的特征，如种类、粒度、结构、比表面积、毛细孔径的大小（12～40Å）和分布及其制作工艺。

（2）与吸附的气体有关，包括被吸附的气体污染物的化学性质、分子量、沸点、极性。对分子量大、沸点高的污染物如甲苯、二甲苯的吸附容量比较大；对分子量小、沸点低的污染物如硫化氢、甲醛、一氧化碳的吸附容量较小，例如一般活性炭吸附硫化氢（H_2S）的容量仅为 1％。

（3）与环境条件有关，如环境温度、湿度和空气中的粉尘浓度。温度高、相对湿度高，吸附容量比较小。特别是那些能够与水溶混的污染物，当相对湿度高时，吸附容量明显减少。

2. 污染物吸附容量顺序

几种常见气体污染物的吸附容量，由小至大的排列顺序：一氧化碳、二氧化碳、甲醛、氨、二氧化硫、丙酮、氯、苯、甲苯、酚。在正常的环境条件下，活性炭对一氧化碳和二氧化碳没有吸附效果；对甲醛、氨、二氧化硫也几乎不吸附，或者很低；对丙酮、氯的饱和吸附量为 10％～25％；对苯、甲苯、酚的饱和吸附量为 20％～50％。

五、改性活性炭

在活性炭中掺杂一些活性化学物质进行改性，通常采用活性炭浸渍某些活性化学物质如钯、铂、银等，或与这些化学物质混合以后制成的复合净化材料，可提高活性炭的吸附性能，对室内环境中的多种 VOCs 起到比较好的催化、分解、中和及吸附作用，扩大应用范围，提高净化能力。例如，掺 0.5％碘的活性炭，或掺 1.5％～5.0％氮的活性炭，可以提高去除二氧化硫（SO_2）的能力，将其氧化成为三氧化硫（SO_3），吸附容量可达 16％。

六、纤维活性炭

1. 比表面积大

随着活性炭制造技术的进步，已经制造出吸附性能更好的纤维活性炭（ACF）。纤维活性炭也称纤维状活性炭。纤维活性炭的比表面积可达 1500m^2/g 以上，甚至高达 2000m^2/g。ACF 比活性炭比表面积大、吸脱附速率快、吸附效率高。纤维活性炭具有耐酸碱、耐腐蚀特性，并可方便地加工为毡、布、纸等不同的形状。

2. 容易改性

纤维活性炭在用有纤维素基、PAN 基、酚醛基等有机纤维制作过程中，掺杂一些活性化学物质，如铂、银、铜等，制备出具有去除气体污染物的能力、抗菌作用更强的净化材料。如将锰/铜或者银/锰担持在纤维活性炭上，可制成有抗菌作用的纤维活性炭，能有效地去除硫化氢等。纤维活性炭用于室内空气净化，可去除空气中的 VOCs 和臭气物质。

七、碳分子筛

碳分子筛实际上也是一种活性炭，它与一般的碳质吸附剂的不同之处，在于其微孔孔径均匀地分布在一狭窄的范围内，微孔孔径大小与被分离的气体分子直径相当，微孔的比表面积一般占碳分子筛所有表面积的 90％以上。碳分子筛的孔结构主要分布形式为：大孔直径与炭粒的外表面相通，过渡孔从大孔分支出来，微孔又从过渡孔分支出来。在分离过程中，大孔主要起运输通道作用，微孔则起分子筛的作用。

以煤为原料制取碳分子筛的方法有碳化法、气体活化法、碳沉积法。其中碳化法最为简单，但要制取高质量的碳分子筛必须综合使用这几种方法。

碳分子筛在空气分离制取氮气领域已获得了成功，但是在环保上应用仍存在局限性。

八、分子筛

分子筛为微孔型立方晶态的硅酸盐或硅铝酸盐水合物，具有比表面积大（达 300～1000m²/g）、吸附能力高、热稳定性高等优点。分子筛具有均匀的微孔结构，它的孔穴直径大小均匀，这些孔穴能把比其直径小的分子吸附到孔腔的内部，对极性分子和不饱和分子具有优先吸附能力，能把极性程度不同、饱和程度不同、分子大小不同及沸点不同的分子分离开来，即具有"筛分"分子的作用，故称为分子筛。

分子筛按骨架元素组成可分为硅铝类分子筛、磷铝类分子筛和骨架杂原子分子筛；按孔道大小划分，孔道尺寸小于 2nm、2～50nm 和大于 50nm 的分子筛分别称为微孔、介孔和大孔分子筛。如 A 型：钾 A（3A），钠 A（4A），钙 A（5A）；八面型，如 X 型：钙 X（10X），钠 X（13X）和 Y 型：钠 Y，钙 Y；丝光型，（一M 型）：高硅型沸石，如 ZSM-5 等。

分子筛具有选择性吸附作用，通常用来吸附一些分子量低、浓度低的极性气体污染物，如硫化氢（H_2S）、甲硫醇（CH_3SH）等臭气物质。由于分子筛对水分有优先吸附现象，而且吸附水分的能力非常高，污染物的吸附容量受水分影响比较大。当水分比较高的状态下，分子筛的吸附性能容易劣化。

第七节　化学吸附技术

一、化学吸附式空气净化器

1. 原理

化学吸附式空气净化器是指借助化学吸附剂与气体污染物发生化学反应，将空气污染物吸附在化学吸附剂中的空气净化器（图 7-9）。

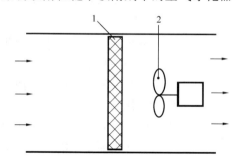

图 7-9　化学吸附式空气净化器
1—化学吸附过滤材料；2—送风机

2. 吸附材料

化学吸附剂通常以活性炭、硅胶、分子筛和氧化铝等作为担体，浸渍一些活性化学物质，或者与这些活性化学物质混合，经过适当的处理制备成复合净化材料。其优点是能够同时对多种空气污染物起到中和反应、氧化还原反应和催化氧化反应，去除空气中 VOCs 和含氮、硫化合物等气体污染物，去除这些空气污染物的效果更加显著；污染物浓度低时，去除效果也很好；环境温度变化不会引起已经吸附的污染物脱附；使用寿命长。

二、化学吸附的优点和局限性

1. 优点

化学吸附是指利用吸附剂吸附气体污染物，依靠气体污染物与化学试剂之间的化学亲和力结合，吸附反应是不可逆的，环境温度变化不会引起已经吸附的污染物脱附现象。

2. 局限性

化学吸附具有选择性，会发生中和反应、氧化还原反应，消耗试剂。

三、中和法

利用有害气体与吸附剂发生中和反应而去除。例如，用含碱性物质去除空气中的二氧化碳、二氧化硫和二氧化氮等。

用碱性试剂，如氢氧化钠作吸附剂，去除空气中的酸性气体污染物。

硫化氢与氢氧化钠反应：

$$H_2S + NaOH \longrightarrow NaHS + H_2O$$

甲硫醇与氢氧化钠反应：

$$CH_3SH + NaOH \longrightarrow CH_3SNa + H_2O$$

用酸性吸附剂如硫酸和磷酸吸附碱性气体污染物。

氨与酸反应：

$$H_2SO_4 + NH_3 \longrightarrow (NH_4)_2SO_4$$

四、氧化还原法

利用次氯酸钠、高锰酸钾等物质，氧化还原空气中的二氧化硫、硫化氢、氨气、氮氧化物，从而将这些污染物去除。

$$CH_3SH + 2KMnO_4 \longrightarrow CH_3SO_3K + 2MnO_2 + KOH$$

$$2H_2S + CaO_2 \longrightarrow CaS + 2H_2O + S$$

五、催化氧化法

在化学工业、石油工业，催化氧化技术应用非常广泛。催化氧化技术也广泛用于室内空气净化，去除空气中的 VOCs 和臭气物质等污染物。化学催化氧化方法是利用金属如铂、银、钯、铜，金属氧化物如二氧化锰和硫化物等作为催化剂，将空气中的气体污染物的氧化反应速率加快，迅速反应生成对人体无害或者危害小的物质。催化剂具有改变一个化学反应的速率的作用，而其质量在反应前后不变，因此，消耗试剂少，使用寿命长。空气中的气体污染物浓度，在比较低的状况下，催化氧化的效果也很好。

近年来，使用比表面积比活性炭更大的纤维活性炭（约 2000m²/g）上担持活性化学物质，制备出具有去污、抗菌作用更强的净化材料，这些材料在当前是最有应用前景的净化材料。例如将锰/铜或者银/锰担持在纤维活性炭上可有效地去除硫化氢等污染物并且具有抗菌作用。

将铜担持在纤维活性炭上作为净化材料，可有效地催化氧化去除空气中的硫化氢。

$$2H_2S + O_2 \xrightarrow[\text{催化}]{Cu} 2S + 2H_2O$$

将 0.5wt%～1.5wt%Pt（铂）担持在活性 γ-Al$_2$O$_3$（氧化铝）上组成催化剂，在

低温（65℃）下，空间速度为38000/h时，可有效将空气中的臭氧催化分解为氧气，分解效率高于99％。

$$2O_3 \xrightarrow[\text{催化}]{Pt/\gamma\text{-}Al_2O_3} 3O_2$$

第八节 灭菌技术

一、紫外线灭菌技术

紫外线空气消毒器是由紫外线杀菌灯、过滤器和风机为元器件的消毒器。

紫外线灭菌灯是一种采用石英玻璃或其他透紫玻璃的低气压汞蒸气放电灯，辐射能量85％的紫外线（UV），波长为253.7nm。

将紫外线应用于室内，照射能杀灭室内空气中的细菌和病毒等微生物，降低空气微生物污染，减少疾病的传播。使用紫外线照射也可以杀灭和抑制真菌滋生繁殖，控制污染源。

使用紫外线照射灭菌，优点是显而易见的。紫外线照射灭菌方法无噪声、无运动部件、无空气阻力和不明显增加额外能源的耗费。

二、有机抗菌剂抗菌技术

有机抗菌剂采用有机氯、有机硫和有机氮等化合物，或者采用天然植物提取物，抑制和杀死细菌和真菌等微生物。例如，含氮化合物如二癸基二甲基铵盐酸盐（DDAC）、甲苯十四烷基二甲基铵盐酸盐（BZC）等。抗菌的作用机制：有机抗菌剂水解后带正电荷（＋），构成微生物的蛋白质表面带负电荷（－），正负电荷相互吸引，抗菌剂被微生物吸附后，借助亲油基的作用进入微生物体内，搅乱微生物的活性直至死亡。

抗菌技术主要是用于控制室内环境微生物污染源。将有机抗菌剂和无机抗菌剂用于建筑材料、家用电器、家庭用品，抑制和杀死微生物，减少室内环境中潜在的微生物污染源，达到控制室内空气微生物污染，改善和提高室内空气质量的目的。

有机抗菌剂的优点是浓度低就呈现出灭菌效果，速效，对许多真菌有灭菌效果。缺点是存在安全性问题，热稳定性差，灭菌效果持续性低。

三、无机抗菌剂

无机抗菌剂主要是指用银、铜、锌等作为抗菌金属的抗菌剂。另外，无机抗菌剂也包括通常所使用的含氯（如次氯酸、二氧化氯）、碘和氧（如过氧化氢、过氧乙酸）抗菌剂，但是这些抗菌剂与有机抗菌剂一样，属于速效性的、消耗性的抗菌剂。

无机抗菌剂的优点是抗菌剂安全性高，有广谱性抗菌效果，抗菌效果持续时间长，稳定性高，耐热性好。缺点是相对于有机抗菌剂而言抗菌比较迟效，对真菌抗菌效果较差，另外是分散性差，在制品表面无抗菌剂的地方，不能发挥抗菌效果；硫、氯等容易与抗菌金属离子发生化学反应而降低抗菌性能。

第九节　等离子体技术

一、等离子体技术

1. 定义

等离子体是指处于电离状态的气态物质，与固态、液态和气态并列的物质第四态，其中带负电荷的粒子（电子、负离子）数等于带正电荷的粒子（正离子）数。

2. DBD 等离子体

目前，一种实用的低温等离子体技术是介质阻挡放电（dielectric barrier dischargre，DBD）等离子体，其在大气压或者高于大气压条件下产生。DBD 等离子体是将绝缘介质插入放电空间的一种气体放电，介质可以覆盖在电极上，或悬挂在放电空间里。当在放电电极间施加一定频率（50kHz 至几兆赫兹）的足够高的交流电压时，电极间的气体就会被击穿产生介质阻挡气体放电，产生等离子体。彩色等离子体电视的显示器就是利用 DBD 等离子体技术实现的。

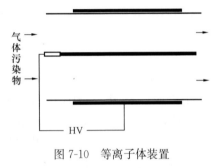

图 7-10　等离子体装置

二、等离子体装置

在环保方面，利用介质阻挡放电等离子体（DBD）放电技术进行脱硫脱硝的研究，其原理如图 7-10 所示。等离子体存在的明显缺陷是会产生臭氧和氮氧化物。

DBD 等离子体将放电能量直接作用于气体污染物上，可能有一定的应用前景，但是要将 DBD 等离子体应用于室内空气净化，去除室内空气污染物，还有待进一步研究。

第十节　臭氧技术

一、臭氧技术

1. 定义

臭氧技术是指将臭氧用于室内空气净化的技术。臭氧是一种比较容易获得的氧化性气体，可采用紫外线、电晕放电、电解等方法制备。

2. 水消毒

臭氧在水中是强氧化剂，氧化还原电位为 2.07V，其氧化能力高于通常用于水消毒的氯气（1.36V），在水中当臭氧浓度为 0.4～2mg/L 时，灭菌、消毒作用的效果好，可达到卫生标准要求。

3. 对农药的作用

对水中的农药如 666 和 DDT 的分解能力很低，对有机磷或有机硫农药可部分分解，但是生成的中间体的毒性比母体高。

二、用途

1. 空气净化

臭氧用于室内空气净化，并不十分理想。对于室内空气中常见污染物氨，几乎不被臭氧氧化，对多数挥发性有机化合物（VOCs）也不发生分解作用。臭氧对室内空气中常见的恶臭气体硫化氢（H_2S）和甲硫醇（CH_3SH）分解氧化作用也非常缓慢。

$$H_2S+O_3\longrightarrow SO_2+H_2O+O_2$$

硫化氢（H_2S）与臭氧的氧化分解反应的半衰期需要 9000min。

$$CH_3SH+O_3\longrightarrow CH_3OH+SO_3$$

甲硫醇（CH_3SH）与臭氧反应的半衰期需要 20～120min。

臭氧与催化剂组合可以提高氧化能力，但是提高幅度不大。

2. 空气灭菌

臭氧用于空气灭菌，千万不要以为在水中灭菌强，在空气灭菌也强，其实空气灭菌的能力非常弱，比甲醛灭菌能力还要低。虽然臭氧很容易制备，但是在医院并没有得到广泛推广应用，主要原因就是其灭菌能力太低。如果使用臭氧进行灭菌，要求灭活率达到 99.9%，臭氧浓度应该达到 200×10^{-6}（$400mg/m^3$），并且连续杀灭数小时。

3. 局限性

臭氧本身也是空气污染物，用于空气净化的效果并不显著，臭氧技术在室内空气净化方面有很大局限性。美国环保环境署（U. S. Environmental Protection Agency，简称 EPA）认为，臭氧对人体的损害，超过杀死微生物的效益。

第十一节　光催化技术

一、光催化原理

光催化是物质在催化剂上发生光电化学作用的过程。光、催化剂以及反应物与催化剂表面接触，是光催化反应的三个必要条件，缺一不可。

当 TiO_2 受到波长约小于 387.5nm 的近紫外线照射时，在其内部的价带电子被激发跨过禁带跃迁到导带，生成电子-空穴对，迅速扩散到 TiO_2 表面上，并能穿过界面与吸附在 TiO_2 表面上的反应物发生氧化还原反应。

二、光催化效果

根据国内外研究报道，二氧化钛光催化法能够氧化分解大多数挥发性有机化合物，氧化二氧化硫和二氧化氮，分解水，还原二氧化碳；杀死大肠菌、绿脓菌，分解细菌的残骸及毒素。但是，这些研究几乎都是在几十毫升至 1L 的反应器内进行的，似乎没有看到在大反应器（如大于等于 $1m^3$）中进行光催化分解气体污染物取得显著效果的研究报道。

三、应用研究进展

研究表明，在水分解生产清洁能源、温室气体二氧化碳还原和室内空气净化的实用研究没有取得突破性进展。

1. 水的分解

光催化就是由水的分解发现的，水分解产生的氢气是清洁能源，至今 40 多年的研究，依然停留在每克光催化剂每小时分解量在毫摩尔级水平。水分解的反应式：

$$H_2O \xrightarrow[\text{NiO}_x-\text{TiO}_2]{\text{太阳光}} H_2 + O_2$$

2. 二氧化碳还原

利用催化剂与用之不竭的廉价太阳能还原温室气体二氧化碳，生成甲烷和甲醇反应产物，又是清洁能源。可是，每克光催化剂每小时催化分解生成反应产物的量只达到微摩尔级水平。二氧化碳的反应式：

$$CO_2 + H_2O \xrightarrow[\text{TiO}_2/\text{Y}-\text{分子筛}]{\text{UV}} CH_4 + CH_3OH$$

3. 住宅净化

1995 年，藤岛昭——光催化发现者曾提出健康住宅设想，在住宅的玻璃、瓷砖和壁纸上，统统涂布二氧化钛，利用射入室内的太阳光和室内荧光灯发出微弱的紫外线照射下发生光催化作用，除臭、防污、抗菌，创造舒适宜人的健康住宅。遗憾的是，至今也尚未兑现。

综上所述，要实现光催化生产清洁能源、还原温室气体达到实用化，还有一段相当漫长的路要走。在室内空气净化方面要达到实用化，尚待解决反应物分解量微的关键问题。

第十二节　膜分离技术

一、膜分离技术原理

膜分离技术是指在分子水平上不同粒径分子的混合物在通过半透膜时，实现选择性分离的技术。膜分离都采用错流过滤方式，即在泵的推动下料液平行于膜面流动。膜从材质上分为有机膜和无机膜。有机膜由高分子材料经特殊加工而成，如膨化聚四氟乙烯膜、聚乙烯、聚丙烯、聚砜、聚丙烯腈、聚酰胺、醋酸纤维素等。无机膜如玻纤膜和陶瓷膜。半透膜的膜壁布满小孔，根据孔径大小可分为：微滤膜（MF）、超滤膜（UF）、纳滤膜（NF）、反渗透膜（RO）等。

二、膜分离技术应用前景

1. 烟尘控制

有机膜分离技术，在烟尘控制领域，用于超细粒子的分离已相当成熟。但是由于有机膜存在气体通量低、容尘量小、使用过程中易老化和易堵塞等缺点，制约有机膜在室内空气净化上的应用。对于室内空气净化，不仅要求滤膜有较大的过滤效率，而且要有较大的容尘量，使用寿命长。

2. 气体分离

无机膜分离技术，目前已用于空气分离制取富氧、浓氮，天然气分离，二氧化碳回收，氯气分离，炼气、石油化工及合成氨尾气中氢的回收和酸性气体脱除等领域。

3. 空气净化

该技术具有热稳定性好、化学性质稳定、机械强度较大、不被微生物降解以及容易控制孔径尺寸等优点，在室内空气净化上有着巨大的应用潜力。

第八篇
室内车内环境净化治理与服务技术

第一章　室内环境净化治理

第一节　治理执行标准和治理方案

一、治理执行标准

1. 住宅和办公室污染治理

《室内空气质量标准》（GB/T 18883—2002）规定了与人体健康有关的物理、化学、生物和放射性方面的 19 项参数的标准值。其中，物理参数包括温度、相对湿度、风速和新风量 4 项；化学参数包括二氧化硫、二氧化氮、一氧化碳、二氧化碳、氨、臭氧、甲醛、苯、甲苯、二甲苯、苯并［α］芘、总挥发性有机化合物（TVOC）和可吸入颗粒物 PM_{10} 等 13 项；生物性参数包括细菌总数和放射性参数氡。室内净化治理是为了减少室内空气污染物的种类和浓度，室内空气质量应符合《室内空气质量标准》（GB/T 18883—2002）的要求。

2. 民用建筑污染治理

《民用建筑工程室内环境污染控制规范》（GB 50325—2010），是新建、扩建和改建的民用建筑工程交付使用前的室内环境质量验收规范。本规范中规定了氡、甲醛、苯、氨和总挥发性有机化合物（TVOC）五项污染物的浓度限量。当室内环境污染物浓度的全部检测结果符合本规范规定的浓度限量时，可判定该工程室内环境质量合格。室内环境质量验收不合格的民用建筑工程，严禁投入使用。

二、治理方法

室内空气污染物来源非常广泛，如来自室外污染源，室内装饰装修，生活活动使用的家具、燃具和化学品，以及地基等。

根据气体污染物的种类、污染程度和污染源，对室内净化治理可采用物理方法、化学方法、通风换气、空气净化器和净化性涂料中的一种或多种净化治理方法进行净化治理。

室内空气污染治理方法可分为两大类：污染物发生源的控制和空气污染的净化。

（一）污染源控制

控制污染源是主动控制室内空气污染的方法，从源头控制，完全排除或减少室内空气污染源，减少污染物的发生量。室内环境中污染物发生源比较复杂，控制的方法通常采用清除污染源和遮盖污染源。

1. 清除污染源

装饰装修造成室内空气严重污染，清除污染源采用拆除污染的装饰装修材料，这是控制室内空气污染最积极、最彻底、最有效的方法。但是在实际生活空间，要拆除造成室内空气污染的污染材料，实施往往不现实。

最佳方法是按照第八篇第一章采取装饰装修污染控制措施，控制进入施工现场的材料必须是合格材料，材料的使用量不要超过设计室内材料的承载率。

2. 遮盖污染源

遮盖方法是用涂料、净化材料等封闭的遮盖方法，可部分地控制材料中污染物的释放速率，降低室内空气中污染物的浓度，但是不可能彻底控制污染源，从根本上解决室内空气污染问题。

（二）空气净化

空气净化，是被动控制污染的方法。当采用控制污染物发生源，室内空气污染依然达不到相关标准的要求时，应采用空气净化方法去除室内空气中存在的污染物。

（1）使用空气净化器、空气净化新风机、净化材料的空气净化方法，去除室内空气中一种或多种污染物。

（2）采用通风换气——自然通风或机械通风，将室内空气污染物排至室外。

三、污染治理方案

为了有效地治理室内空气污染，可根据室内环境空气污染物的来源和种类，制定比较科学的、方便实施的净化治理方案。

1. 来自室外的污染

主要空气污染物：二氧化硫、硫化氢、二氧化氮、臭氧、氨气和 $PM_{2.5}$ 等。

治理方法：采取密闭门窗阻止污染物进入室内，或使用空气净化新风机和空气净化器净化室内空气。

2. 来自室内装饰装修的污染

主要污染物：甲醛、苯、甲苯、二甲苯等 VOCs。

治理方法：可采用通风换气，或使用空气净化器和净化性涂料净化。

3. 来自生活活动的污染

来源于家用电器、化学用品、家用燃具等和香烟烟雾的主要污染物：甲醛、苯、甲苯、二甲苯、一氧化碳、二氧化碳、苯并［a］芘、颗粒物、细菌、真菌等。

治理方法：可采用通风换气，或使用空气净化新风机和空气净化器净化。

4. 来自地基的污染

主要污染物：放射性污染物氡及其子体。

治理方法：可采用通风换气降低室内氡浓度。

第二节 颗粒物去除技术

室内空气中颗粒物的污染，依据不同的污染来源可选用空气净化器或者空气净化新风机进行控制。

一、使用空气净化器

在住宅和办公室内空气中的悬浮颗粒物 PM_{10} 和 $PM_{2.5}$，使用洁净空气量足够大的空气净化器去除，是改善室内空气质量十分有效的方法。使用静电式空气净化器，或者安装有高效过滤器的过滤式空气净化器循环净化室内空气，可获得显著的净化效果。静电式和过滤式空气净化器去除颗粒物的效率，见表 8-1。

表 8-1 静电式和过滤式去除颗粒物的效率

净化技术		微粒直径（μm）	去除效率（%）
静电技术		1.0	≥95
过滤技术	亚高效过滤器	0.5	≥95
	高效过滤器	0.3	≥99.9
	超高效过滤器	0.3	≥99.999

空气净化器的原理结构：过滤式除尘空气净化器，采用多孔性玻璃纤维、合成纤维等作为过滤材料，将空气中的颗粒物收集在滤料表面上；静电式空气净化器，利用阳极电晕放电原理，使气流中的微粒带电荷后，借助库仑力的作用将带电粒子捕集在集尘装置上。

应该注意的是，空气净化器不能完全替代通风换气，需要适时打开门窗进行通风换气，补充新鲜空气。

二、使用排风扇

室内空气中的颗粒物，来源于厨房油烟、香烟烟雾等污染，其特点是室内的浓度显著高于室外，使用风量足够大的排出式排风扇进行局部通风换气的措施将颗粒物排出室外，能够快速有效地减少室内 PM_{10} 和 $PM_{2.5}$ 污染。

排风扇由电动机带动风叶旋转驱动气流进行强制通风，使室内外空气交换的空气调节电器，最高风量可达 $8000m^3/h$，可依据室内空间大小，选用风量足够大的排出式排风扇进行治理。

三、使用空气净化新风机

当雾霾天气、室外有扬尘或者其他因素，导致室外空气悬浮颗粒物浓度明显高于室内时，使用安装有去除 $0.3\mu m$ 的除尘效率 ≥99% 高效过滤器的空气净化新风机，可有效地降低室外 PM_{10} 和 $PM_{2.5}$ 污染对室内影响。净化新风机能够过滤去除空气中颗粒物后向室内输送洁净新风，既能阻止室外颗粒物进入室内，又能稀释和排出室内空气中的颗粒物，有效地改善室内空气质量。

第三节 挥发性有机化合物治理技术

一、污染来源

1. 挥发性有机化合物

根据 WHO 定义，挥发性有机化合物（VOCs）是指在常温下，沸点 50～260℃，以蒸气形式存在于空气中的一类有机化合物。VOCs 按其化学结构，可以分为：烷类、芳烃类、卤烃类、烯类、醇类、醛类、酮类、酸类、酯类、胺类和多环芳烃等化合物。

挥发性有机化合物（VOCs）是室内空气中的主要污染物，目前已鉴定出 300 多种。最常见的有甲醛、苯、甲苯、二甲苯、苯乙烯、三氯甲烷、三氯乙烷、三氯乙烯、二异氰酸酯（TDI）和二异氰甲苯酯等有机气体污染物。

2. 污染来源

室内空气中苯、甲苯、二甲苯等挥发性有机物（VOCs），污染来源非常广泛，但是主要来源于：

（1）室内装饰装修污染，建筑时使用的建筑材料和装饰装修材料，例如，有机溶剂、油漆、涂料、胶粘剂。

苯主要来自各种油漆、胶粘剂和涂料以及各种有机溶剂。溶剂型涂料是苯的污染源，其溶剂或稀释剂主要成分是苯系物，苯往往以杂质的形式存在于这些溶剂中。

在室内环境中甲苯主要来源于一些溶剂、香水、洗涤剂、墙纸、黏合剂、油漆等。在室内建筑材料中所使用的各种涂料、各种胶粘剂、防水材料及其溶剂或稀释剂，多含有甲苯。装饰材料、人造板家具、空气消毒剂也是甲苯污染的来源。

二甲苯的污染主要来源于室内装饰中所使用的涂料、各种胶粘剂、防水材料及其溶剂或稀释剂。

（2）入住后使用的家用燃具、家用电器、家具等用品产生 VOCs。

（3）人的生活活动使用的家用化学品，如化妆品、印刷油墨、防腐剂、消毒剂、清洁剂和表面活性剂。

（4）室外来源于工业废气、汽车尾气等排放的 VOCs 随着通风进入室内，也是造成室内空气污染的主要因素。

二、治理方法

室内气体污染物的去除方法有通风换气、空气净化器和净化性涂料等三种。

（1）采用通风换气包括使用空气净化新风机向室内送入新鲜空气，将室内挥发性有机化合物气体污染物排出室外，是改善室内空气质量的最佳方法之一。

（2）使用具有去除气体污染物功能的空气净化器循环净化。

（3）使用吸附剂如活性炭吸附苯、甲苯等。

（4）使用净化性涂料遮盖污染源和净化空气。

目前，在市场上，空气净化器和净化性涂料产品五花八门，性能各异，按净化原理分类有物理法、化学法、通风法、臭氧法、感觉法、电晕放电法、等离子体法、负离子法、吸收法、生物学方法、光催化法等十余种之多。

在这些技术和方法中，如物理法和化学法，去除室内空气污染物有显著效果，如负离子法和光催化法，则没有显著效果。

第四节　甲醛污染治理技术

一、污染来源

室内空气中甲醛的主要来源：

（1）室内装饰的人造板材

目前，传统工艺生产胶合板、细木工板、中密度纤维板、刨花板和复合地板等人造板材，有＞95％人造板使用的胶粘剂是以甲醛为主要成分的脲醛树脂胶粘剂，板材中未参与反应的残留的游离甲醛会逐渐向周围环境释放，从而导致室内空气污染。

据调查，生产每立方米的中密度纤维板所需脲醛树脂胶粘剂的用量是160～180kg。据推算，生产一张标准规格的普通中密度板（1220mm×2440mm×18mm），需要耗用4kg左右的甲醛。

（2）用人造板制造的家具

制造一套人造板的橱柜需要耗用16～32kg甲醛。制造一套人造板的衣柜，需要耗用30～35kg甲醛，使用人造板制作的家具容易造成室内空气中甲醛浓度超标。

（3）含有甲醛成分的装饰材料，如白乳胶、皮革和内墙涂料等。

（4）室内装饰纺织品

（5）家用化学品，如化妆品、防腐剂、消毒剂和表面活性剂。

（6）甲醛泡沫树脂隔热材料（urea-formaldehyde foam insulation，简称UFFI）

（7）混凝土外加剂

二、污染防治

（1）采用通风换气，将室内空气中的甲醛排出室外。

（2）使用具有去除甲醛功能的空气净化器进行净化。

（3）使用净化性涂料遮盖污染源和净化空气。

（4）为了降低室内空气甲醛污染，可在考虑使用无甲醛材料产品：无甲醛石材、无甲醛地板、无甲醛板材、无甲醛玻璃棉、无甲醛墙面漆、无甲醛黏合剂、无甲醛油漆。

第五节　氡污染治理技术

一、污染勘察

（1）对氡浓度超标的建筑物，应实地勘察建筑物的构造、房间分布、通风状况、建筑材料、超标房间位置，分析氡的可能来源。

（2）实地勘察寻找出室内氡浓度增高的原因，通常氡的室内来源有地基土壤、建筑材料、地下水、天然气等。房间过于密闭时，氡气聚集导致室内浓度升高。另外，寒冷季节导致的室内外温差增加而形成的负压，会提高建筑物表面氡的析出率。

（3）了解来自建筑材料中析出的氡特征：与楼层数高低无关；与建筑材料的距离有关，距离建筑材料近处的氡浓度高，距离远处的氡浓度低。

（4）了解房基土壤中析出的氡的特点：来源于地基的氡，地下室和底层房间内的氡浓度总是高于楼层数高的房间，随楼层数升高而氡浓度降低。

二、地面建筑氡污染治理方法

（1）建筑物的楼层在≤3层的室内，氡的防治措施应包括土壤氡防治和建筑材料释放的氡防治；当≥3层的室内，只对建筑材料释放的氡进行防治。治理效果应达到民用建筑工程室内氡浓度限量的要求，见表8-2。

表8-2　民用建筑工程室内氡浓度限量

工程类别		Bq/m³
I类	幼儿园、中小学教室、中小学学生宿舍、老年人居住建筑	≤100
	住宅、医院病房	≤200
II类	办公楼、商店、展览馆、图书馆、书店、体育馆	≤400

（2）对室内氡浓度超标的民用建筑应优先采用自然通风措施。对于没有窗户或可开启窗户面积过小的房间，可通过增开窗户、增大开启面积或增加换气口，提高房间的新风量。自然通风是利用室外新鲜空气稀释和驱除室内含氡空气的过程，是最简单、最方便和成本最低的降氡方法。

（3）对于采用集中式空调的建筑，应按有关新风量设计标准的要求增加新风量；对于自然通风的建筑，可增加进风排风设备，可增加换气次数和通风时间。

（4）干预措施。室内氡浓度超标的民用建筑采用的干预措施，见表8-3。

表 8-3　民用建筑工程室内防氡降氡措施

氡浓度（Bq/m³）	土壤	建材氡
200～400	加强自然通风 屏蔽氡来源 吸附过滤氡子体	加强自然通风 吸附过滤氡子体
400～1000	自然或机械通风 封堵屏蔽氡来源 土壤减压法	自然或机械通风屏蔽氡来源（防氡涂料）
>1000	机械通风 封堵屏蔽氡来源 土壤减压法	机械通风 屏蔽氡来源

① 使用新风换气机将室内空气中的氡排至室外。

② 可根据房间容积和氡水平选择净化除氡装置。在房间使用期间，应开启净化除氡装置并保持连续工作状态。

③ 对地板裂隙、地面和墙面的不同材料交界处、穿过地板或围墙的管道与线路、地下管沟等处的裂缝及孔洞应采用弹性密封材料封堵。

④ 整个地面的防氡降氡处理，可采用防氡复合地面、铺设防氡膜等屏蔽隔离技术，实施方法。防氡复合地面是指在混凝土楼地面基础上按水泥砂浆找平、防氡材料层、水泥砂浆保护层顺序施工完成的复合地面。

⑤ 采用涂刷防氡涂料、涂层等方法处理墙面及顶棚。防氡涂料能长期有效阻止土壤和建筑材料中氡析出的材料。

防氡涂料防止氡扩散的效率，可用集氡室氡浓度与测量室氡浓度的差值与集氡室氡浓度之比表示防氡效率。

三、地下建筑氡污染治理方法

1. 控制原则

（1）地下建筑内空气中氡及其子体的控制原则，在地下建筑利用的实践活动中，会使天然辐射水平增高，控制由此增高所造成的暴露量是必要的，以适当的方式将大众因在地下建筑内吸入空气中氡及其子体而受到的附加照射控制在可合理做到的最低水平。

（2）对已用地下建筑，当空气中平衡当量氡浓度的年平均值达到400Bq/m³（平衡当量氡浓度）行动水平时，应采取干预行动，包括采取查明氡增高的原因及其来源和有效可行的防护措施以降低室内氡浓度。

2. 防氡措施

（1）通风排氡

适当的通风是排除地下建筑氡及其子体的有效措施。通风应使新鲜空气直接送到人员活动场所为宜，风源应是地面清洁空气，并严防风流受污染。

连续通风时应考虑选用适当的新风通风率，如新风通风率为 0.5/h。

（2）控制、隔离氡源

采取适当的降氡措施，堵塞或密封氡从地基和周围土壤进入地下建筑的所有通路、孔隙，并防止富氡地下水的渗入等。

（3）净化空气

使用空气净化器和净化材料净化空气，降低氡子体浓度。

第六节　空气微生物去除技术

空气中的细菌和真菌属于生物污染物，是有生命的，可采用紫外线（UV）、臭氧（O_3），抗菌剂抑制或者杀灭。空气中细菌和真菌称为生物气溶胶，属于颗粒物范畴，可采用过滤技术或者静电技术来去除。

室内空气微生物污染的控制，通常采用的控制技术可分为三大类：通风换气、空气净化和抗菌技术。

一、通风换气方法

室内保持良好的通风，具有将微生物排出和抑制滋生繁殖的作用。

1. 清除作用

室内空气存在细菌和真菌等的浓度高于室外时，采用自然通风和强制通风进行通风换气，即可迅速将其排至室外，是降低室内空气中微生物浓度最简单、最方便快捷的方法。

2. 抑制作用

细菌和真菌等微生物喜欢潮湿，在湿度高的环境中滋生繁殖。通风换气也可降低室内空气中的湿度，起到抑制微生物污染源的作用。在厨房、浴室和卫生间等室内潮湿、结露的地方或受水损害的地方，保持良好的通风，迅速将室内的湿气排出室外，使湿气不能长时间滞留，防止结露，破坏细菌和真菌的良好生长环境，可抑制细菌和真菌等微生物滋生繁殖，控制微生物污染源，有效地减少室内空气微生物污染。

从另外一个角度来看，墙体和窗户隔热良好，保持这些地方的墙体内表面温度高于露点温度，高于12℃左右，防止结露；室内潮湿的地方，经常擦拭，保持干燥，同样达到抑制细菌和真菌滋生繁殖，减少室内环境中细菌和真菌等微生物的潜在污染源的作用。

二、空气净化技术

1. 空气净化器

空气中细菌和真菌称为生物气溶胶，属于颗粒物范畴，采用去除悬浮颗粒物的静电式和过滤式两种空气净化器，去除室内空气中的微生物，能够获得比较好的效果。

2. 紫外线灭菌消毒器

紫外线灭菌消毒器使用低压汞放电灯产生灭菌紫外线（UV），辐射能量85％的紫外线波长为253.7nm。此波长紫外线有很强的杀灭真菌等微生物的能力。使用紫外线照射杀灭和抑制真菌滋生繁殖，优点是显而易见的。紫外线照射灭菌方法的优点是无噪声，无运动部件，无空气阻力和不明显增加额外能源的耗费。

应该注意的是，使用紫外线照射灭菌时，要保护眼睛和皮肤的安全。美国政府工业卫生学家协会（ACGIH）提出，8h暴露到灭菌紫外线辐照的安全剂量为 $6000\mu J/cm^2$，相当于紫外线平均照射强度为 $0.2\mu W/cm^2$。

3. 臭氧灭菌

臭氧在水中的氧化能力强，氧化还原电位为2.07V，高于常用于水消毒的氯气（1.36V），当在水中残留的臭氧浓度为 $0.4\sim2mg/L$ 时，可获得良好的灭菌、消毒效果。

臭氧在空气中的灭菌能力非常弱，比甲醛低，因此臭氧灭菌在医院没有得到推广应用。如果要求灭活率达到99.9％，臭氧浓度必须高至200ppm（ $400mg/m^3$ ），并且连续杀灭数小时。

另外，应该注意的是，臭氧（ O_3 ）本身也是空气污染物，可能给人体健康带来不利影响，比如发生呼吸道过敏反应，出现刺激性咳嗽、呼吸困难、心率加快等症状。因此，室内使用臭氧灭菌时，往往伴随有 O_3 的产生，需等待臭氧浓度降低至卫生标准值后再进入室内。

臭氧灭菌，美国环境保护署（U.S. Environmental Protection Agency，简称 EPA）认为，臭氧对人体的损害，超过杀死微生物的效益。

三、抗菌技术

抗菌技术广泛用于建筑材料、家用电器、家庭用品，抑制和杀死微生物，试图减少室内环境中潜在的微生物污染源，达到控制室内空气微生物污染的目的。

1. 有机抗菌剂

有机抗菌剂采用有机氯、有机硫和有机氮等化合物，或者采用天然植物提取物，抑制和杀死细菌和真菌等微生物。例如，含氮化合物如二葵基二甲基铵盐酸盐（DDAC）、甲苯十四烷基二甲基铵盐酸盐（BZC）等。抗菌的作用机制：有机抗菌剂水解后带正电荷（＋），构成微生物的蛋白质表面带负电荷（－），正负电荷相互吸引，抗菌剂被微生物吸附后，借助亲油基的作用进入微生物体内，搅乱微生物的活性直至死亡。

有机抗菌剂的优点是浓度低就呈现出灭菌效果，速效，对许多真菌有杀灭效果。缺点是存在安全性问题，热稳定性差，灭菌效果持续性低。

2. 无机抗菌剂

无机抗菌剂主要是指用银、铜、锌等作为抗菌金属的抗菌剂，抗菌的作用机制是利用这些抗菌金属离子具有很强的氧化能力氧化分解细胞膜直接杀死细菌。

金属离子抗菌剂的制备，用一定量的银、铜、锌等以离子化状态与分子筛、硅胶、磷酸盐和硅酸盐结合。抗菌剂往往制备成为粉末状、小粒子、中粒子和大粒子各种粒度。要求抗菌剂安全性高，吸附能力强，抗菌金属离子在载体内扩散速度快，抗菌金属离子与细菌和真菌等微生物接触面积大，杀死细菌和真菌等微生物的能力强、速度快。

无机抗菌剂的优点是抗菌剂具有安全性高，有广谱性抗菌效果，抗菌效果持续时间长，稳定性高，耐热性好。缺点是相对于有机抗菌剂而言抗菌比较迟效，对真菌抗菌效果较差，另外是分散性差，在制品表面无抗菌剂的地方，不能发挥抗菌效果；硫、氯等容易与抗菌金属离子发生化学反应而降低抗菌性能。

另外，无机抗菌剂也包括通常所使用的含氯（如次氯酸、二氧化氯）、碘和氧（如过氧化氢、过氧乙酸、环氧乙烷）抗菌剂，但是这些抗菌剂与有机抗菌剂一样，属于速效性的、消耗性的抗菌剂。

第二章　汽车内环境净化治理

第一节　乘用车内空气污染治理技术

在车内空气污染物，可多达 200 种以上，主要有挥发性有机化合物（VOCs）苯、甲苯、二甲苯、乙苯和苯乙烯；醛酮类化合物甲醛、乙醛和丙烯醛；无机物一氧化碳、二氧化碳、二氧化硫和氮氧化物；悬浮颗粒物 PM_{10} 和 $PM_{2.5}$；空气微生物细菌和真菌。其中，苯和甲醛对人类是致癌物，乙苯和苯乙烯对人类是可疑致癌物。在这些车内空气污染物中，VOCs 和醛酮类污染物，主要来源于汽车零部件和内饰材料；一氧化碳、氮氧化物来源于汽车尾气；难闻异味主要来自真皮、塑料、地胶和黏合剂等材料。

为了保护乘员健康，采取适当的措施治理车内空气污染是非常有必要的。

车内空气中污染物浓度通常是住宅和办公室中的 5～10 倍。国家标准《乘用车内空气质量评价指南》（GB/T 27630—2011）规定的 8 种污染物标准值详见表 8-4。

一、车内治理要求

1. 不可损害乘用车

乘用车造价昂贵，车内空间特殊，净化治理严禁采用任何可能造成内饰材料和零部件损坏或者可能造成二次污染的技术和产品。

2. 净化技术和产品

在乘用车内，必须使用对车内空气中的有害物质具有去除能力的净化功能材料和空气净化技术。净化治理后，应能降低乘用车内空气污染物浓度，改善车内空气质量。

3. 车内空气治理方案

根据车内空气污染物种类和污染来源的状况，净化技术和治理产品性能特点，制定出合理的治理方案和操作步骤，做到有的放矢净化治理，确保车内空气净化达到最佳效果。

二、净化治理程序

1. 治理前车内污染检验

待治理乘用车在治理之前，按《乘用车内空气质量评价指南》（GB/T 27630—2011）的规定，检测车内空气中苯、甲醛、乙醛和丙烯醛等 8 种污染物的浓度。

检测方法按照《车内挥发性有机物和醛酮类物质采样测定方法》（HJ/T 400—2007）规定的采样和测定方法。

2. 乘用车净化治理技术

车内环境污染净化治理，目前市场上采用的技术方法比较多，归纳如下：

（1）高能物理方法加速污染物释放技术；

（2）高速气流清洁脱附净化污染物技术；

（3）高压真空吸附高效安全净化技术；

（4）催化氧化还原和物理吸附组合的空气净化技术；

（5）高强度紫外线与活氧组合高效快速去除味技术；

（6）专用的高效复合净化材料清除车内污染技术；

（7）高效多功能大容量空气净化材料净化技术；

（8）汽车玻璃表面固化高效新型纳米光催化材料技术。

按照净化治理要求，第8项喷涂到汽车玻璃表面上，可能影响汽车门窗玻璃、挡风玻璃的透明度，不宜采用。即使喷涂到座椅上，也可能对皮革产生不良影响。凡是在车内喷涂的治理产品，应该谨慎，最好不使用。

3. 治理后检验

乘用车内空气污染治理后，放置24h，再按本节（二、1.）规定的车内污染检验的方法，检验净化治理后车内8种空气污染物的浓度。

三、治理效果评价

1. 治理前后比对

将治理前后8种污染物的检测结果分别进行比对检验，评价治理方法对哪一种污染物有去除效果。按式（8-1）计算。

$$\eta_{1d} = \frac{C_0 - C_{1d}}{C_0} \times 100\% \qquad (8-1)$$

式中　η_{1d}——净化效率，%；

　　　C_0——治理前污染物的浓度，mg/m³；

　　　C_{1d}——治理24h后污染物的浓度，mg/m³。

2. 与标准值比对

将治理后8种污染物的检测结果分别与《乘用车内空气质量评价指南》（GB/T 27630—2011）标准值进行比对，检验是否符合 GB/T 27630—2011 的浓度要求，见表8-4。

表8-4　车内空气中有机物浓度要求

序号	项目	浓度要求（mg/m³）
1	苯	≤0.11
2	甲苯	≤1.10
3	二甲苯	≤1.50
4	乙苯	≤1.50
5	苯乙烯	≤0.26
6	甲醛	≤0.10
7	乙醛	≤0.05
8	丙烯醛	≤0.05

第二节　客车和校车内空气污染治理技术

《长途客车内空气质量要求》（GB/T 17729—2009）规定了长途客车内空气主要成分的标准值；《专用校车安全技术条件》（GB 24407—2012）规定了校车内空气质量要求，车内空气中的成分按《长途客车内空气质量检测方法》（GB/T 28370—2012）的规定方法进行检测。

一、净化治理要求

1. 不可损害零部件和内饰件

长途客车和专用校车内空气污染治理，严禁采用任何可能造成内饰材料和零部件损坏或者可能造成二次污染的技术和产品。

2. 治理要求

在改善长途客车和专用校车内的空气质量时，如果不能自然通风则应安装强制通风装置，并且允许采用具有杀菌、消除有害气体功能的空气净化装置以达到空气质量的要求。

专用校车和长途客车通过采用净化治理，控制车内空气质量，使车内空气主要成分氧、二氧化碳、一氧化碳、甲醛、甲苯、二甲苯和 TVOC 的浓度符合表 8-5 的要求。

表 8-5　校车和长途客车车内空气质量要求

项目	单位	标准值	限值条件
氧	%	≥20	1h 均值
二氧化碳	%	≤0.20	日平均值
一氧化碳	mg/m³	≤10	1h 均值
甲醛	mg/m³	≤0.12	1h 均值
甲苯	mg/m³	≤0.24	1h 均值
二甲苯	mg/m³	≤0.24	1h 均值
TVOC	mg/m³	≤0.60	1h 均值

二、治理技术

长途客车和专用校车与乘用车相比，空间容积大，乘员人数多，必须保持良好的通风换气维持氧气的浓度高于 20%，控制二氧化碳的浓度小于等于 0.20%。

车内空气中的空气污染物，主要来源于汽车零部件和车内装饰材料，如车内座椅和座椅面料、地板和地毯。车内难闻异味主要来自真皮、塑料、装饰布、地胶和黏合剂等材料。

长途客车和专用校车内空气污染治理，可采用乘用车净化治理技术进行治理，采用通风换气，可以将污染物排出车外，向车内补充氧气。车内空气污染物也可考虑使用具有去除气体污染物功能的空气净化器净化车内空气，使空气质量达到表 8-5 的要求。

第九篇

室内车内环境第三方检测实验室建设

第一章 实验室资质认证法律依据

第一节 CNAS认证实验室

CNAS认证实验室资质，实行自愿性申请的原则，应符合《检测和校准实验室能力认可准则》(CNAS-CL01—2018) 规定的实验室能力、公正性以及一致运作的通用要求。

一、CNAS认证实验室

《检测和校准实验室能力认可准则》（CNAS-CL01—2018）规定了实验室能力、公正性以及一致运作的通用要求。

CNAS实验室资质认定标志式样如图9-1所示。

二、通用要求

《检验检测机构认定能力评价　检验检测机构通用要求》(RB/T 214—2017) 规定了机构、人员、场所环境、设备设施、管理体系方面的通用要求。

图9-1 CNAS资质
认定标志

（1）机构：应是依法成立并能够承担相应法律责任的法人或者其他组织。

（2）人员：应建立和保持人员管理程序，对人员确认、任用、授权和能力保持等进行规范管理。

（3）应有固定的、临时的、可移动的或者多个地点的场所，应满足相关法律法规、标准、技术规范的要求。

（4）设备设施：应配备满足检验检测活动（包括抽样、物品制备、数据处理和分析）要求的检验检测设备设施。

（5）管理体系：应建立、实施和保持与其活动相适应的管理体系。

第二节 CMA认证实验室

CMA实验室资质认定，《检验检测机构资质认定管理办法》和《实验室资质认定评审准则》为其提供法律依据。

检验检测机构是指依法成立，依据相关标准或者技术规范，利用仪器设备、环境设施等技术条件和专业技能，对产品或法律法规规定的特定对象进行检验检测的专业技术组织。

一、CMA认证实验室业务

在中华人民共和国境内，检验检测机构从事下列活动，必须取得实验室资质认定。

（一）为司法机关作出的裁决出具有证明作用的数据、结果的；

（二）为行政机关作出的行政决定出具具有证明作用的数据、结果的；

（三）为仲裁机构作出的仲裁决定出具具有证明作用的数据、结果的；

（四）为社会经济、公益活动出具具有证明作用的数据、结果的；

（五）其他法律法规规定应当取得资质认定的。

二、CMA 认证主管行政部门

检验检测机构资质认定工作，由国家质量监督检验检疫总局主管。各省、自治区、直辖市人民政府质量技术监督部门负责所辖区域内检验检测机构的资质认定工作。

三、资质认定标志

CMA 实验室资质认定标志，由英文缩写 CMA 形成的图案和资质认定证书编号组成。资质认定证书有效期为 6 年。

图 9-2　CMA 资质认定标志

四、CMA 资质认定条件

申请资质认定的检验检测机构：

（一）依法成立并能够承担相应法律责任的法人或者其他组织；

（二）具有与其从事检验检测活动相适应的检验检测技术人员和管理人员；

（三）具有固定的工作场所，工作环境满足检验检测要求；

（四）具备从事检验检测活动所必需的检验检测设备设施；

（五）具有并有效运行保证其检验检测活动独立、公正、科学、诚信的管理体系；

（六）符合有关法律法规或者标准、技术规范规定的特殊要求。

第二章 实验室建设基本条件

第一节 实验室仪器的配备

一、环境检测室仪器

从事室内空气污染物检测实验室，依据《室内空气质量标准》（GB/T 18883—2002）的规定，对室内空气中与人体健康有关的物理因素、化学污染物、生物污染物和放射性污染物浓度的测定，必须具备从事检验检测活动所必需的检验检测仪器。

（一）物理因素测量仪器

空气温度、相对湿度、空气流速和新风量，按照《公共场所卫生检验方法 第1部分：物理因素》（GB/T18204.1—2013）中3～6的规定，应配备玻璃液体温度计、数字式温度计、氯化锂露点湿度计、电阻式或电容式湿敏元件湿度计等。

（二）化学污染物测定仪器

室内常见化学污染物种类比较多，使用的仪器设备种类也比较多。

（1）空气采样：应配备恒流空气采样器。

（2）测定苯和甲苯等挥发性有机污染物（VOCs）：应配备气相色谱仪。

（3）测定甲醛和无机气体污染物氨、二氧化氮：应配备可见光分光光度计、电子天平和玻璃仪器等。

（4）测定一氧化碳：配备不分光红外线一氧化碳气体分析仪；测定二氧化碳：配备不分光红外线二氧化碳气体分析仪。

（5）测定颗粒物：配备光散射测尘仪、万分之一克天平或十万分之一克天平。

（6）测定金属元素铅、镉：应配备原子吸收光谱仪。

（7）测量放射性污染物氡：应配备环境氡测量仪。

二、生物实验室仪器设备

生物实验室测定空气中的细菌总数、真菌总数，应建设洁净间和洁净操作台，配备空气微生物采样器、灭菌高压釜和恒温培养箱。

三、汽车内空气污染物检验仪器

（1）汽车采样环境舱：容积为数十立方米至三百立方米，用于乘用车内空气污染物采样测定。测定VOCs用气相色谱-质谱联用仪；测定醛酮类用高效液相色谱仪。空气采样用恒流空气采样器。

（2）校车和长途客车内空气测定，应按GB/T 28370规定测定车内氧气浓度必须配备医用氧舱用电化学式测氧仪等仪器。

第二节　化学试剂及其溶液制备

一、试剂等级与用途

化学试剂按纯度分为四个等级，见表9-1。

表9-1　化学试剂等级

级别	等级与代号、英文	标签颜色	用途
一	保证试剂 优级纯　GR Guarantee Reagent	绿色	科研、精密分析用，基准物质
二	分析试剂 分析纯　AR Analytical Reagent	红色	一般分析和科研用
三	化学纯试剂 化学纯　CP Chemical Pure	蓝色	化学试验与工业分析
四	实验试剂 LR Laboratore Reagent	棕色	一般化学实验用

特殊用途的试剂不列入该等级系列。工业品级也不列入该等级系列，仅适于中学化学实验使用。

二、有证标准物质

有证标准物质：附有由权威机构发布的文件提供使用有效程序获得的具有不确定度和溯源性的一个或多个特性量值的标准物质，见表9-2。

表9-2　常用的有证标准溶液

序号	名称	浓度	溶剂	规格（mL）
1	氨（NH_3）	500mg/L	水	20
2	甲醛（Fomaldehyde）	100mg/L	水	20
3	苯	1000μg/L	甲醇、CS_2	2
4	甲苯	1000μg/L	甲醇、CS_2	2
5	乙苯	1000μg/L	甲醇、CS_2	2
6	TVOC	1000μg/L	甲醇	2

三、溶液浓度

1. 物质的量浓度

物质B的物质的量浓度，是指单位体积溶液中含溶质B的物质的量，或1L溶液中含溶质B的物质的量（mol），按式（9-1）计算：

$$c_B = \frac{n_B}{V} \tag{9-1}$$

式中　c_B——物质的量浓度，mol/L；

　　　n_B——物质 B 的物质的量，mol；

　　　V——溶液的体积，L。

2. 质量浓度

物质 B 的质量浓度，是指 1L 溶液中所含物质 B 的量（g），按式（9-2）计算：

$$\rho_B = \frac{m_B}{V} \tag{9-2}$$

式中　ρ_B——物质 B 的质量浓度，g/L；

　　　m_B——溶质的质量，g；

　　　V——溶液的体积，L。

3. 百分浓度

溶质为固体的溶液，质量百分浓度 A_m，即 100g 溶液中所含溶质的克数。

溶质为液体的溶液，体积百分浓度 A_v，即 100mL 溶液中所含溶质的毫升数。

溶质为固体的溶液，质量体积百分浓度 p，即 100mL 溶液中所含固体溶质的克数。

4. 体积比浓度

溶质为液体的溶液，体积比浓度常以符号 $(V_A + V_B)$ 或者 A：B 表示。

溶液浓度的表示方法，列于表 9-3。

表 9-3　溶液浓度的表示方法

名　称	定　义	单　位	示　例	用途
物质 B 的（物质的量）浓度	物质 B 的物质的量除以混合物的体积 $c_B = \frac{n_B}{V}$	mol/L mmol/L	$c(H_2SO_4) = 0.05$mol/L $c(NaOH) = 2$mol/L	标准滴定液 基准溶液
物质 B 的质量浓度	物质 B 的质量除以混合物的体积 $\rho_B = \frac{m_B}{V}$	g/L mg/L mg/mL μg/mL ng/mL	$\rho(HCHO) = 1.00\mu$g/mL $\rho(NH_3) = 500$mg/L	元素标准滴定液和基准溶液，一般溶液
滴定度 $T_{A/B}$	单位体积的标准溶液 A，相当于被测物质 B 的质量	g/mL mg/mL	$T_{Ca/EDTA} = 3$mg/mL	标准滴定液
质量体积百分浓度	100mL 溶液中所含固体溶质的克数 $m/V\% = \frac{m}{V} \times 100\%$	无量纲量	1.5%（$m/V\%$）KMnO$_4$	一般溶液
体积百分浓度	100mL 溶液中所含液体溶质的毫升数 $V/V\% = \frac{V_0}{V} \times 100\%$	无量纲量	10%（$V/V\%$）HNO$_3$	溶质为液体的溶液
体积比浓度	$(V_A + V_B)$；A：B	无量纲量	(1+5) HCl；1：5＝HCl：H$_2$O	溶质为液体的溶液

四、试剂溶液的制备

1. 酸

配制酸溶液，依据配制浓度的要求和浓酸的浓度，计算出所需浓酸的毫升数，然后用水稀释至指定容积。

硫酸，英文名称 Sulfuricacid，化学式 H_2SO_4，相对分子质量 98.08。浓硫酸的相对密度 1.83～1.84g/mL，质量浓度 98%，约 18mol/L。硫酸是一种强氧化性、强腐蚀性、无色透明油状液体。与水互溶，并且释放出大量的热。

用浓硫酸制备溶液，切记：应把硫酸缓慢加入不断搅拌的水中；绝对不可将水加入硫酸中，避免沸腾和飞溅伤及人员。

例如，制备硫酸溶液 $[c(H_2SO_4)=0.05mol/L]$：取 2.80mL 浓硫酸，缓慢加入水中，并稀释至 1L。

2. 碱

配制碱溶液，依据配制浓度的要求，称取一定量的碱，然后用水溶解并稀释至指定容积。

氢氧化钠，英文名称 Sodium hydroxide，化学式 NaOH，相对分子质量 40.00。氢氧化钠是一种腐蚀性的强碱，一般为片状或颗粒形态，易溶于水，并且溶于水时放热，易吸收空气中的水蒸气而潮解。

例如，制备氢氧化钠溶液 $[c(HaOH)=0.1mol/L]$：称量 4.00g 氢氧化钠，溶于水中，并稀释至 1L。贮存于塑料试剂瓶中备用。

3. 盐

配制盐溶液，依据配制浓度的要求，称取一定量的盐，然后依据盐的特性用水、稀酸或稀碱溶解并稀释至指定体积。

硫酸铁铵，例如，配制硫酸铁铵溶液 $\{\rho[NH_4Fe(SO4)_2 \cdot 12H_2O]=10g/L\}$：称量 1.00g 硫酸铁铵，用 0.1mol/L 盐酸溶解，并稀释至 100mL。

第三章 实验数据处理

第一节 精密度和准确度

一、算术平均值计算

多次测量结果，按式（9-3）用算术平均值计算准确度：

$$\overline{x} = \frac{x_1 + x_2 + \cdots + x_n}{n} = \frac{\sum\limits_{i=1}^{n} x_i}{n} \tag{9-3}$$

式中 $\overline{x}$——n 次测量所测得的一组测得值的算术平均值；

n——重复测量次数（$n \geqslant 6$）；

x_i——第 i 次测量的测得值。

二、测量精密度

测量精密度（measurement precision），简称精密度（precision），是指在规定条件下，对同一或类似被测对象重复测量所得示值或测得值间的一致程度。通常用不精密程度以数字形式表示。如在规定测量条件下的标准偏差、方差或变差系数。

示值（indication）是指由测量仪器或测量系统给出的量值。

1. 实验标准偏差

实验标准偏差 S，在指定的条件下，对同一被测量独立重复测量 n 次，测得 n 个测得值 x_i（$i=1$，2，$\cdots$，n），可按贝塞尔公式（9-4）计算出实验标准偏差 S。

$$S = \sqrt{\frac{\sum\limits_{i=1}^{n}(x_i - \overline{x})^2}{n-1}} \tag{9-4}$$

式中 S——标准偏差；

n——重复测量次数（$n \geqslant 6$）；

x_i——第 i 次测量的测得值；

$\overline{x}$——n 次测量所测得一组测得值的算术平均值。按式（9-3）计算。

2. 相对标准偏差

相对标准偏差 S_R，按式（9-5）计算。

$$S_R = \frac{S}{\overline{x}} \times 100\% \tag{9-5}$$

三、测量准确度

（一）准确度

测量准确度（measurement accuracy），简称准确度（accuracy），是指被测量的测得值与其真值间的一致程度。测量准确度不是一个量，不给出有数字的量值。

1. 真值范围：可从测量误差范围，估计出该测量的真值范围。数理统计方法证明，在消除系统误差后，测量次数 n 趋于无穷大时，测量结果的总体平均值 μ 将趋近于真值 x_T：

$$\mu = \frac{\sum x_i}{n}(n \to \infty) \to x_T \tag{9-6}$$

准确度高低主要是由系统误差所决定，但也包含随机误差。

量的真值（truequantity value），简称真值（truevalue），是指与量的定义一致的量值。在"误差方法"中，认为真值是唯一的，实际上是不可知的。

2. 单次测量：结果的准确度，按式（9-7）采用绝对误差 E 表示：

$$E = x - x_T \tag{9-7}$$

或按式（9-8）用相对误差 RE 表示：

$$RE = \frac{x - x_T}{x_T} \times 100\% \tag{9-8}$$

3. 多次测量：结果的准确度可按式（9-3）表示，也可按式（9-9）用绝对误差表示。

$$E = \frac{\sum x_i}{n} - x_T \tag{9-9}$$

或按式（9-10）用相对误差表示

$$RE = \frac{E}{x_T} \times 100\% \tag{9-10}$$

真值难以知道，测量误差是未知的。通常以公认的约定量值代替真值。在分析测量中，使用标准溶液或标准气体的"标准值"替代"真值"来检验检测方法的准确度。

（二）实验方法

1. 用标准物质评价方法准确度

将标准物质当作样品一样测定，计算测定值与标准物给定值之间的误差。如果误差是在标准物的允许限之内，或相对误差小于 $\pm10\%$，则表明方法是可信的。

2. 用标准物质加入法测定回收率

（1）将已知量的被测物的标准物质加入样品中，该加入量与测量结果对比，按式（9-11)计算回收率：

$$K = \frac{A - B}{C} \times 100\% \tag{9-11}$$

式中　K——回收率，%；

　　　A——加入标准物的样品测得总量；

　　　B——原样品的测得量；

　　　C——加入被测物标准量。

（2）在标准曲线浓度范围内（低、高）两个不同浓度点，每个浓度点做标准物质加入法至少重复 6 次，相对标准偏差小于 10%，回收率 90% 以上。

第二节 有效数字与数值修约

一、有效数字

有效数字（significance digit）是指实际上能测量到的数字，包括全部准确数字和一位不确定的可疑数字。一般可理解为在可疑数字上有±1个单位，或在其下一位上有±5个单位的误差。

二、数位

有效数字保留的位数与测量方法和仪器的准确度有关。原始数据的有效数字的位数必须与测量仪器的精度一致，在使用分析天平称量标准物质和使用吸量管量取标准溶液时，不应任意加减有效数字的位数。

例如，用分析天平称量 0.3142g 氯化铵（NH_4Cl），是 4 位有效数字，表示氯化铵的质量为 0.3142g，称量误差在±0.0001g。

使用刻度吸量管移取 10.00mL 标准溶液，是 4 位有效数字，刻度读数 0.1mL，估读至±0.01mL。

三、数值修约规则

数值修约规则根据《数值修约规则与极限数值的表示和判定》（GB/T 8170—2008）。数值修约通过省略原数值的最后若干位数字调整所保留的末位数字，使最后所得到的值最接近原数值的过程。

对空气污染物测定时，测量数据往往经过一系列运算后才能得到所需的分析测定结果。在运算过程中会涉及数值修约问题。

（一）确定修约间隔

（1）指定修约间隔为 1，或指明将数值修约到"个"位。

（2）指定修约间隔为 10^{-n}（n 为正整数），或指明将数值修约到 n 位小数。

（3）指定修约间隔为 10^n（n 为正整数），或指明将数值修约到 10^n 数位，或指明将数值修约到"十""百""千"数位。

（二）进舍规则

（1）拟舍去数字的最左一位数字小于 5，则舍去，保留其余各位数字不变。

（2）拟舍去数字最左一位数字大于 5，则进一，即保留数字的末位数字加 1。

（3）拟舍去数字的最左一位数字是 5，且其后有非 0 数字时进一，即保留数字的末位数字加 1。

（4）拟舍去数字的最左一位数字是 5，且其后无数字或皆为 0 时，若所保留数字的末位数字为奇数（1，3，5，7，9）则进一，即保留数字的末位数字加 1。若所保留数字的末位数字为偶数（0，2，4，6，8）则舍去。

（三）负数值修约规则

负数值修约时，先将它的绝对值按第（二）（1）～（4）条规定进行修约，然后在所得值的前面加上负号。

(四) 不允许连续修约

对一个拟修约数值，不得多次按第（二）条规则连续修约，应在确定修约间隔或指定修约位数后一次修约获得结果。

四、有效数字运算法则

1. 加减运算

以参加运算的各个数据中小数点后位数最少（即绝对误差最大）的数据为基准，决定运算的和或差的有效数位。

运算示例

例：25.21＋8.88088＋0.0058＝？

解：这三个数据中，小数点后位数最少的数是25.21，绝对误差最大，以它作为运算基准确定有效数位。对另外两个数先修约为小数点后两位，再计算：

$$25.21＋8.88＋0.01＝34.10$$

对另外两个数修约时，也可多保留一位，计算后再修约一次。

$$25.21＋8.881＋0.006＝24.097≈34.10$$

2. 乘除运算

以参加运算的各个数据中有效数字位数最少（即相对误差最大）的数据为基准，决定运算的积或商的有效数位。

运算示例

例：25.21×8.88088×0.0123＝？

解：这三个数据中，有效数字位数最少的数是0.0123，相对误差最大，以它作为运算基准确定有效数位。对另外两个数先修约后，再计算。

$$25.2×8.88×0.0123＝2.75$$

先修约时，也可多保留一位，计算后再修约一次。

$$25.21×8.881×0.0123≈2.75$$

五、离群值的判断与取舍（摘自 GB/T 4883—2008）

离群值的定义是正态样本中的一个或几个测得值离开其他测得值比较远，暗示它们来自不同的总体。

《数据的统计处理和解释　正态样本离群值的判断和处理》（GB/T 4883—2008）给出正态样本离群值的判断与取舍的方法。

检出离群值可以借助统计检验的显著性水平来判别，用 2σ（置信度 95.5%），即 $\alpha=0.05$ 作为检出依据；用 3σ（置信度 99.7%），即 $\alpha=0.01$ 作为取舍的依据。

(一) 已知标准偏差情形的离群值判断规则

当已知标准偏差时，使用奈尔（Nair）检验法，而检验法的样本量 $3 \leqslant n \leqslant 100$。

1. 上侧情形

（1）按式（9-12）计算出统计量 R_n 的值：

$$R_n = \frac{x_n - \bar{x}}{\sigma} \tag{9-12}$$

式中　σ——已知的总体标准偏差；

x_n——最大值；

$\overline{x}$——样本算术平均值，见式（9-3）。

（2）按检出水平 α，在表9-4中查出临界值 $R_{1-\alpha}(n)$。

表 9-4　奈尔（Nair）检验的临界值表

n	0.90	0.95	0.975	0.99	0.995
3	1.497	1.738	1.995	2.215	2.396
4	1.696	1.941	2.163	2.431	2.618
5	1.834	2.080	2.304	2.574	2.764
6	1.939	2.184	2.408	2.679	2.870
7	2.022	2.267	2.490	2.761	2.952
8	2.091	2.334	2.557	2.828	3.019
9	2.150	2.392	2.613	2.884	3.074
10	2.200	2.441	2.662	2.931	3.122
...					

（3）当 $R_n > R_{1-\alpha}(n)$ 时，$x_{(n)}$ 判定为离群值。

（4）对检出的离群值 $x_{(n)}$，确定舍去水平 α^*，在表9-4中查出临界值 $R_{1-\alpha^*}(n)$，当 $R_n > R_{1-\alpha^*}(n)$ 时，$x_{(n)}$ 判定为统计离群值。

2. 下侧情形

（1）按式（9-13）计算出统计量 R_n^* 的值：

$$R_n^* = \frac{\overline{x} - x_{(1)}}{\sigma} \tag{9-13}$$

式中　σ——已知的总体标准偏差；

$x_{(1)}$——最小值；

$\overline{x}$——样本算术平均值，见式（9-3）。

（2）按检出水平 α，在表9-4中查出临界值 $R_{1-\alpha}(n)$。

（3）当 $R_n^* > R_{1-\alpha}(n)$ 时，$x_{(1)}$ 判定为离群值。

（4）对检出的离群值 $x_{(1)}$，确定舍去水平 α^*，在表9-4中查出临界值 $R_{1-\alpha^*}(n)$，当 $R_n^* > R_{1-\alpha^*}(n)$ 时，判定 $x_{(1)}$ 为统计离群值。

3. 双侧情形

（1）计算出统计量 R_n 和 R_n^* 的值。

（2）按检出水平 α，在表9-4中查出临界值 $R_{1-\alpha/2}(n)$。

（3）当 $R_n > R_n^*$，且 $R_n > R_{1-\alpha/2}(n)$ 时，$x_{(n)}$ 判定为离群值。当 $R_n^* > R_n$，且 $R_n^* > R_{1-\alpha/2}(n)$ 时，$x_{(1)}$ 判定为离群值。当 $R_n = R_n^*$ 时，同时对最大值和最小值进行检验。

（4）对检出的离群值 $x_{(1)}$ 或 $x_{(n)}$，确定舍去水平 α^*，在表9-4中查出临界值 $R_{1-\alpha^*/2}(n)$。

当 $R_n^* > R_{1-\alpha^*/2}(n)$ 时，判定 $x_{(1)}$ 为统计离群值。当 $R_n > R_{1-\alpha^*/2}(n)$ 时，$x_{(n)}$ 判定为统计离群值。

（二）未已知标准偏差情形的离群值判断规则

当未已知标准偏差时，使用格拉布斯（Grubbs）检验法。而该检验法限定检出的离群值不超过 1 个。

1. 上侧情形

（1）按式（9-14）计算出统计量 G_n 的值：

$$G_n = \frac{x_n - \overline{x}}{s} \tag{9-14}$$

其中，

$$s = \sqrt{\frac{1}{n-1} \sum_{i=1}^{n} (x_i - \overline{x})^2} \tag{9-15}$$

式中　s——样本标准偏差；

　　$\overline{x}$——样本算术平均值，见式（9-3）。

（2）按检出水平 α，在表 9-5 中查出临界值 $G_{1-\alpha}(n)$。

表 9-5　格拉布斯（Grubbs）检验的临界值表

n	0.90	0.95	0.975	0.99	0.995
3	1.148	1.153	1.155	1.155	1.155
4	1.425	1.463	1.481	1.492	1.496
5	1.602	1.672	1.715	1.749	1.764
6	1.729	1.822	1.887	1.944	1.973
7	1.828	1.938	2.020	2.097	2.139
8	1.909	2.032	2.126	2.221	2.274
9	1.977	2.110	2.215	2.323	2.387
10	2.036	2.176	2.290	2.410	2.482
...					

（3）当 $G_n > G_{1-\alpha}(n)$ 时，$x_{(n)}$ 判定为离群值。

（4）对检出的离群值 $x_{(n)}$，确定舍去水平 α^*，在表 9-5 中查出临界值 $G_{1-\alpha^*}(n)$，当 $G_n > G_{1-\alpha^*}(n)$ 时，$x_{(n)}$ 判定为统计离群值。

2. 下侧情形

（1）依已知的总体标准偏差 s 和样本算术平均值 $\overline{x}$，按式（9-16）计算出统计量 G_n^* 的值：

$$G_n^* = \frac{\overline{x} - x_{(1)}}{s} \tag{9-16}$$

式中　s——已知的总体标准偏差；

　　$\overline{x}$——样本算术平均值，见式（9-3）。

（2）按检出水平 α，在表 9-5 中查出临界值 $G_{1-\alpha}(n)$。

（3）当 $G_n^* > G_{1-\alpha}(n)$ 时，$x_{(1)}$ 判定为离群值。

（4）对检出的离群值 $x_{(1)}$，确定舍去水平 α^*，在表 9-5 中查出临界值 $G_{1-\alpha^*}(n)$，当 $G_n^* > G_{1-\alpha^*}(n)$ 时，判定 $x_{(1)}$ 为统计离群值。

3. 双侧情形

（1）计算出统计量 G_n 和 G_n^* 的值：

（2）按检出水平 α，在表 9-5 中查出临界值 $G_{1-\alpha/2}(n)$。

（3）当 $G_n > G_n^*$，且 $G_n > G_{1-\alpha/2}(n)$ 时，$x_{(n)}$ 判定为离群值。当 $G_n^* > G_n$，且 $G_n^* > G_{1-\alpha/2}(n)$ 时，$x_{(1)}$ 判定为离群值。当 $G_n = G_n^*$ 时，应重新考虑限定检出离群值的个数。

（4）对检出的离群值 $x_{(1)}$ 或 $x_{(n)}$，确定舍去水平 α^*，在表 9-5 中查出临界值 $G_{1-\alpha^*/2}(n)$。

当 $G_n^* > G_{1-\alpha^*/2}(n)$ 时，判定 $x_{(1)}$ 为统计离群值。当 $G_n > G_{1-\alpha^*/2}(n)$ 时，$x_{(n)}$ 判为离群值。